MSP430FRAM 铁电单片机
原理及 C 程序设计

邓　颖　编著

北京航空航天大学出版社

内 容 简 介

　　本书详细介绍了 TI 公司的 MSP430FRAM 系列单片机的特性和优势,主要内容包括 MSP430 FRAM 单片机的基础部分和实际应用设计部分。其中,基础部分包括通用 FRAM 铁电概述、TI FRAM 铁电单片机产品功能特点、TI FRAM 开发工具和最新的软件库;应用设计部分包括功能模块程序设计及常见问题解答、EMC 电磁兼容性设计因素考量、TI FRAM 产品应用。

　　本书程序采用结构化的 C 语言编写,并编译调试通过,均达到设计预期功能。

　　本书既可作为高等院校电子技术、通信、计算机及自动化类专业的本、专科学生和研究生的教学参考用书,也可作为大学生参加电子设计竞赛和工程技术人员进行开发设计的技术辅导资料。

图书在版编目(CIP)数据

MSP430FRAM 铁电单片机原理及 C 程序设计 / 邓颖编著
. -- 北京 : 北京航空航天大学出版社,2012.8
　ISBN 978 - 7 - 5124 - 0901 - 9

　Ⅰ.①M… Ⅱ.①邓… Ⅲ.①单片微型计算机 Ⅳ.
①TP368.1

中国版本图书馆 CIP 数据核字(2012)第 183446 号

MSP430FRAM 铁电单片机原理及 C 程序设计
邓　颖　编著
责任编辑　沈韶华
*
北京航空航天大学出版社出版发行
北京市海淀区学院路 37 号(邮编 100191)　http://www.buaapress.com.cn
发行部电话:(010)82317024　传真:(010)82328026
读者信箱:bhpress@263.net　邮购电话:(010)82316936
涿州市新华印刷有限公司印装　各地书店经销
*
开本:710×1 000　1/16　印张:15　字数:328 千字
2012 年 8 第 1 版　2012 年 8 月第 1 次印刷　印数:4 000 册
ISBN 978 - 7 - 5124 - 0901 - 9　定价:32.00 元

前　言

德州仪器(TI)的 MSP430 是业界知名的超低功耗微控制器(MCU)，它不断地添加新的家族成员，以满足新的应用需求。与基于闪存和 EEPROM 的微控制器相比，该 FRAM 系列可确保 100 倍以上的数据写入速度和 250 倍的功耗降幅。此外，这种片上 FRAM 还可在所有的电源模式中提供数据保存功能、支持超过 100 万亿次的写入次数，并为开发人员提供了一个全新的灵活度(允许其通过软件变更来完成数据内存与程序内存的分区，实现真正的数据存储区和程序存储区的统一)。本书一大目的就是帮助用户尽快熟悉 TI MSP430FRAM 平台，更好地在国内推广这一极具优势的微控制器平台。

本书以 MSP430FRAM 为例，着重讲述 TI 公司的 MSP430FR57xx 系列单片机的特性和优势。

MSP430FR57xx FRAM 单片机的主要特性及优势如下：

- 当从 FRAM 中执行代码时，可将目前业界最佳功耗水平降低 50％之多——工作流耗为 100 μA/MHz(主动模式)和 3 μA(实时时钟模式)。
- 超过 100 万亿次的可写入次数能支持连续数据录入，从而无需采用昂贵的外部 EEPROM 及依赖电池供电的 SRAM。
- 统一存储器允许开发人员利用软件来轻松改变程序、数据以及缓存之间的内存分配，从而简化了目录管理并降低了系统成本。
- 所有电源模式中的数据写入及数据保存保障可确保代码安全性，以简化开发流程、降低存储器测试成本及提升终端产品可靠性。
- 实现了可靠的远程软件升级——特别是可以实现空中升级——旨在为设备制造商提供更廉价、更便捷的软件升级途径。
- 密度高达 16 KB 的集成型 FRAM 以及模拟和连接外设选项，包括 10 位 ADC、32 位硬件乘法器、多达 5 个 16 位定时器和乘法增强型 SPI/I²C/UART 总线。
- 所有 MSP430 平台上的代码兼容性以及低成本、易用型工具、综合全面的文档资料、用户指南和代码示例可方便开发人员立即启动开发工作。
- 众多由 TI 提供的兼容型射频(RF)工具可简化系统开发工作。
- 可实现无电池的智能型 RF 连接解决方案。
- FR57xx MCU 基于 TI 先进的低功耗、130 nm 嵌入式 FRAM 工艺。

　　本书讲述内容包括 MSP430 FRAM 单片机的基础部分和实际应用设计部分。其中基础部分包括通用 FRAM 铁电概述，TI FRAM 铁电单片机产品功能特点，TI FRAM 开发工具。应用设计部分包括功能模块程序设计及常见问题解答，EMC 电磁抗干扰设计，TI FRAM 产品应用。本书由浅入深，内容翔实。首先讲述 MSP430 FRAM 单片机的特点和选型，然后介绍其开发环境平台，接着针对 MSP430 FRAM 系列所有功能模块详细阐述，并给出相应的 C 语言应用例子程序，同时结合作者多年经验讲述 MSP430 FRAM 单片机常见问题的解答，最后结合 MSP430 FRAM 自身特点进行具体的应用系统设计，并给出具体的应用案例。本书所有程序均采用 C 语言编写，并编译调试通过，均达到设计预期功能。书中内容全面，涵盖全系列 MSP430 FRAM 单片机，通过阅读本书，读者在开发过程中很容易选择适合自己的单片机型号，并学会使用它。本书弥补市场上急缺的 MSP430 FRAM 铁电单片机的 C 语言实例以及工程应用案例，加快了工程设计人员的研发进程。书中融入了作者对于 MSP430FRAM 系列的实际开发经验以及技巧总结。

　　书中提供了调试验证过的程序代码和完整的硬件电路图，代码部分注释详细，便于阅读和理解。本书既可作为高等院校电子技术、通信、计算机及自动化专业的本、专科学生和研究生的教学参考用书，也可作为大学生参加电子设计竞赛和工程技术人员进行开发设计的技术辅导资料。

　　关于书中的相关问题和疑问，读者可以来信咨询，联系邮箱：ti. mcu @ hotmail. com。

邓　颖
2012 年 4 月

目 录

第一篇 基础部分

第二篇　应用设计部分

第一篇　基础部分

第一篇 基础理论

第 1 章
FRAM 铁电概述

1.1   FRAM 介绍

　　Ramtron 成立于 1984 年,并从那时起开始发展铁电技术,在第一阶段把重点放在材料科学上——即该采用什么样的材料、怎样去存储等。值得一提的是,Ramtron 花了 8 年时间(1984—1992)才弄清了基本的技术原理。1992 年建成晶元生产线后,才开始开发出第一个产品。Ramtron 事实上在 1993 年就已经推出了一个 4 KB 的铁电存储器,而这是第一个用于商业销售的存储器产品。1993 到 1997 年间,Ramtron 开始运作自己的晶元生产线,这也是当时世界上仅有的能生产出铁电存储器的晶元生产线。当时有一台仪器设备能够控制设计出 1 μm 的芯片制程,能生产的存储器最大容量为 64 KB。在 1995 年 Ramtron 开始铁电存储器的技术授权。

　　Ramtron 着重于技术授权,而在技术提高升级方面相对较少。在那段时期,Ramtron 事实上在推进技术进步方面没有取得什么很重大的进步。Ramtron 的第一个合作伙伴(Rohm)在 1998 年开始投入铁电存储器的生产,开发出 Ramtron 的 1 μm 制程。至此,Ramtron 的产品在产量和信任度上取得了实质性的增长,但是还没有达到最大的程度。Ramtron 第二个合作伙伴(富士通)在 1999 年开始生产铁电存储器。他们取得了重大的进展,已经开始了 0.5 μm 的制程生产,这项进展使得 Ramtron 现在生产 256 KB 容量的存储器成为可能。直到这个时候,Ramtron 才把重点放在提高技术的稳定可靠性和制造工艺上,并且现在在这两个方面已经取得了成效。

　　铁电存储器(FRAM)的核心技术是将微小的铁电晶体集成进电容内,使得 FRAM 产品能够像快速的非易失性 RAM 那样工作。通过施加电场,铁电晶体的电极化在两个稳定状态之间变换,内部电路将这种电极化的方向感知为高或低的逻辑状态。每个方向都是稳定的,即使在电场撤除后仍然保持不变,因此能将数据保存在存储器中而无须定期更新。

　　相对于其他类型的半导体技术而言,铁电存储器具有一些独一无二的特性。传统的主流半导体存储器可以分为两类——易失性和非易失性。易失性的存储器包括静态存储器 SRAM(static random access memory)和动态存储器 DRAM(dynamic random access memory)。SRAM 和 DRAM 在掉电的时候均会失去保存的数据。RAM 类型的存储器易于使用、性能好,可是它们同样会在掉电的情况下失去所保存的数据。非易失性存储器在掉电的情况下并不会丢失所存储的数据。然而所有的主流的非易失性存储器均源自于只读存储器(ROM)技术。所有由 ROM 技术研发出的存储器则都具有写入信息困难的特点(这些技术包括有 EPROM(已经废止)、EE-PROM 和 Flash)。这些存储器不仅写入速度慢,而且只能有限次地擦写,写入时功耗大。铁电存储器能兼容 RAM 的一切功能,并且和 ROM 技术一样,是一种非易失性的存储器。铁电存储器在这两类存储类型间搭起了一座跨越沟壑的桥梁——一种非易失性的 RAM。

铁电存储器(FRAM)最吸引用户眼球的性能特点是几乎无限的写入次数(100万亿次),远远超过了 EEPROM 的 100 万次,因此与 SRAM、非易失性 SRAM 模块、MRAM 和 NVSRAM 一起成为需要频繁写入操作的嵌入式应用的存储器选择之一。FRAM 现已广泛地在计量、电力能源的监测、嵌入式系统、安全系统报警监控、工业控制以及汽车电子等领域得到了应用,全球交货量已超过 1.75 亿个,且应用空间和规模还在不断扩大中。FRAM 是需要频繁写入应用的理想选择,FRAM 的优势表现在如下各方面。

① 与 EEPROM、MRAM 和闪存相比,FRAM 有哪些性能优势?

FRAM 一个很重要的特性是对称的读/写存取时间,最快的已达到 55 ns,FRAM 读/写所需的功率也是相同的,大约为 55 mW,FRAM 最突出的性能是高达100 万亿次的写入寿命。MRAM 的读/写存取时间也是对称的,目前最快的已达到35 ns,其写入寿命也高达 58 万亿次,它的缺点是读/写和待机状态所需的功率都要比 FRAM 大 20~50 倍,而且 MRAM 对磁场非常敏感,稍微比贴在冰箱表面的冰箱贴大一些的磁性就可破坏 MRAM 中的数据和损坏 MRAM,因此它对使用环境的要求很高,而 FRAM 不会受到使用环境中磁性或其他任何因素的影响,因此 FRAM 的可靠性远比 MRAM 要好。

EEPROM 和闪存的读/写时间是不对称的,它们的读取时间与 FRAM 差不多,但写入时间大约要差一百倍,而且写入时所需的功率也较大,闪存的最大不足是写入寿命只有 10 万次,EEPROM 稍微好一点,但也只有 100 万次。这一性能特点使得EEPROM 和闪存只适合密集读取而不是密集写入应用,如 PC 的程序存储器以及闪卡,因此它们与 FRAM 不构成竞争关系。例如汽车的 CD/DVD 播放机,该应用要求每隔 0.3 s 在 FRAM 上记录一次当前唱针所在位置,如果以一天 10 h 计不停地播放音乐,FRAM 至少可以支撑 40 年,而要换作 EEPROM 的话,10 天不到 EEPROM 就到寿命了。

② FRAM 的主要竞争对手是什么?它在性能和成本上有何优势?

FRAM 的主要竞争对手是 SRAM,因为 SRAM 也允许几乎无限的随机读/写操作,但 SRAM 是易失性存储器,必须配一个备份电池和控制器以在临时掉电时保持数据。现代 SRAM 的最快存取时间已到 10 ns 左右,但高速 SRAM 的最大不足是所需功率也很高,因此 FRAM 主要用于替代读/写速度差不多的低功耗 SRAM。由于 FRAM 是非易失性的,因此可以省去基于 SRAM 方案中的电池＋控制器。尽管成本方面 FRAM 比低功率 SRAM 方案要高一些,但 FRAM 不仅可以节省有限的 PCB 面积、提供更好的可靠性、提供真正的表面贴装解决方案和无需再担心电池容量何时会耗尽,而且可有效防止潮湿、冲击和振动带来的危害。此外,由于它消除了对会污染环境的电池的需要,整个产品可满足时下越来越严格的绿色要求。

③ FRAM 与非易失性 SRAM 模块和 NVSRAM 相比又有何优势?

为降低分立 SRAM 方案占用更多 PCB 面积的缺点和简化客户硬件设计,现在也有一些供应商(如达拉斯半导体)在提供将低功耗 SRAM 与控制器和电池封装在一起的模块。不过,与这些非易失性 SRAM 模块相比,FRAM 的成本则要低很多。NVSRAM 是另一种值得一提的基于 SRAM 的改进产品,它的原理是在 SRAM 阵列的背后再用其他非易失性存储技术(如 EEPROM 或 Quantum Trap)复制一个相同的阵列,在工作电压正常时,其表现就跟只有 SRAM 一样,掉电时,它只须利用一个外部 68 μF 电容就可实现将 SRAM 中内容复制到对应的 EEPROM 或 Quantum Trap 单元上;电压恢复正常时,再把储存内容恢复到 SRAM 中。NVSRAM 也消除了对电池的需求,但代价是芯片面积更大和需要一个外部大电容,而且储存和恢复内容需时比 FRAM 长。因此,总体来说,FRAM 是替代低功耗 SRAM＋电池＋控制器的最佳选择。

④ FRAM 目前最大的容量是多少? 限制其容量进一步提高的技术瓶颈是什么?

目前 FRAM 的最大容量是 4 MB,采用了简单的 1T 架构,与 SRAM 的 6T 架构相比,相同容量下它的裸片面积仅是 SRAM 的 1/6。从技术上讲,FRAM 的容量可以想做多大就做多大,目前之所以无大容量 FRAM 提供是因为市场到目前为止还没有这一需求。

⑤ FRAM 目前在中国市场的典型应用有哪些?

FRAM 主要针对这样的一些嵌入式应用:需要频繁写入但存储容量不需很大的,对写入速度和应用环境的要求不是很高,但希望能独立可靠地连续工作几十年而不用管它的。目前它在中国市场的典型应用包括:复费率/单费率电子电表、一部分安装了远程抄表模块的机械电表、电子水表、电子气表、汽车电子(如里程表、CD/DVD 播放器和气囊)、电梯、数控机床、电子钱包、银行卡、公交卡、ATM 柜员机、POS 机、复印机、游戏机、汽车和飞机黑匣子以及电梯。未来它很有潜力的一个应用是铁路运输领域,如用来记录火车站来来往往车辆的轨道和进出时间等参数。

⑥ 为什么以上这些应用需要用 FRAM 来实现?

以电子电表、数控机床和电梯为例,电子电表要求每 3 s 记录一次电脉冲,而且它是不分日夜和节假日地工作的,如采用 EEPROM 来记录,50 天不到就超过了 EE-

PROM 的最大写入寿命,而 FRAM 工作 100 年也远不到其写入寿命。数控机床也一样,它需要几十毫秒就记录一次车/铣头的位置,一旦发生紧急掉电事件,当重新上电时,车/铣头需要按照掉电前的车/铣轨迹退回到起始位置,再从起始位置按照先前的轨迹前进到掉电时的位置继续原来的工作,而 FRAM 能够很好地完成这么频繁地写入操作和快速持久数据保持任务。电梯也一样,SRAM+电池+控制器的方案现在基本上很少采用了,它的维护成本较高,因为不知道什么时候需要换电池。现在不少客户开始采用 SRAM+超级电容和 NVSRAM 的方法来实现,但这两种方法有一个缺陷,即超级电容和外接大电容的电压最多只能维持 2~3 天,一旦遇上春节或国庆七、八天长假,存储在超级电容和 NVSRAM 中的数据就无法维持,这意味着长假后必须请电梯原厂的技术人员过来对电梯工作参数重新做一次设定,这也意味着很高的维护成本和更多的不便。而解决方法只有两个,一是放假期间电梯的电源系统不能停电,而这意味着电能的浪费;二是采用 FRAM,万事皆无。

1.2 FRAM 的基础知识

德州仪器在其标准的 130 nm 铜互连工艺中添加了两个额外的掩模步骤,用来创建嵌入式 FRAM 模块。通过转向 130 nm 工艺,将使用目前最小的商用 FRAM 单元(仅 $0.71~\mu m^2$),提供 Ramtron 的 4 MB FRAM 存储器,并且获得较 SRAM 单元更高的存储密度。为了实现这种单元尺寸,该工艺使用了创新的 COP(capacitor-over-plug)工艺,将非易失性电容直接堆放在 W 型插入晶体管触点之上。FRAM 存储器将易失性 DRAM 的快速存取和低功耗特点与不需要电能保存数据的能力结合起来。EEPROM 和闪存等其他非易失性存储器由于必须以多个掩模步骤、更长的写入时间及更多的功耗来写入数据,因此对于嵌入式应用不太合适。此外,FRAM 的小单元尺寸和增加最少的掩模步骤特点,使得面向嵌入式应用的 FRAM 可以低于 SRAM 的成本生产。FRAM 所消耗的功率亦较 MRAM 低很多,并且已在要求严格的汽车、测量、工业及计算等应用中实现商业化应用。FRAM 具有快速存取、低功耗、小单元尺寸以及实惠的制造成本等特点,这意味着它应用广泛。对于那些需要低功耗、非易失性存储、关机前快速数据保护以及无限写入耐久性等的系统而言,将可从 FRAM 的功能中获益良多。

1.2.1 FRAM 物理效应

FRAM 技术的核心是将微小的铁电晶体集成进电容内,使得 FRAM 产品能够像快速的非易失性 RAM 那样工作。通过施加电场,铁电晶体的电极化在两个稳定状态之间变换。内部电路将这种电极化的方向感知为高或低的逻辑状态。每个方向都是稳定的,即使在电场撤除后仍然保持不变,因此能将数据保存在存储器中而无须定期更新。德州仪器利用 COP 方式制作了平面型 FRAM 单元,将单元的面积降至最小,并且利用铱电极和锆钛酸铅(PZT)铁电薄膜层来形成铁电电容。图 1.1 为铁电 FRAM 的结构图。

图 1.1　铁电 FRAM 的结构

　　铁电存储器技术和标准的 CMOS 制造工艺相兼容。铁电薄膜被放置于 CMOS 基层之上,并置于两电极之间,使用金属互连并钝化后完成铁电制造过程。采用锆-钛层来形成一个能够为每个数据位存储相应磁极性的电容,去电后每个状态仍然保持在稳定状态,这个结构只需要增加两个加工步骤:PZT 和顶层电极。铁电晶体剖析图如图 1.2 所示。图 1.3 为 FRAM 的层面结构图。

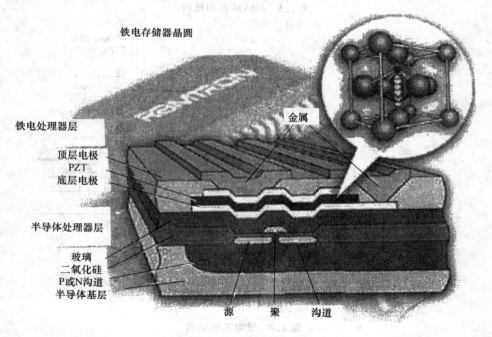

图 1.2　铁电晶体剖析图

　　Ramtron 公司的铁电存储器技术发展到现在已经相当的成熟。最初的铁电存储器采用两晶体管/两电容器(2T/2C)的结构,如图 1.4 所示,导致元件体积相对过大。最近随着铁电材料和制造工艺的发展,在铁电存储器的每一单元内都不再需要配置标准电容器。Ramtron 新的单晶体管/单电容器结构可以像 DRAM 一样,使用单电

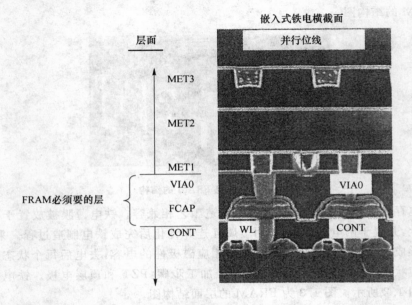

图 1.3　FRAM 层面结构

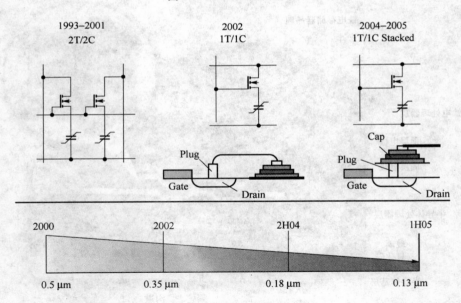

图 1.4　铁电工艺结构

容器为存储器阵列的每一列提供参考。与现有的 2T/2C 结构相比，它有效地把内存单元所需要的面积减少一半。新的设计极大地提高了铁电存储器的效率，降低了铁电存储器产品的生产成本。

　　Ramtron 公司同样也通过转向更小的技术节点来提高铁电存储器各单元的成本效率。最近采用的 0.35 μm 的制造工艺相对于前一代 0.5 μm 的制造工艺，极大地降低了芯片的功耗,提高了单个晶元的利用率。

图 1.5 和图 1.6 分别表示 2T-2C 与 1T-1C 的结构比较,以及它们之间操作的不同。

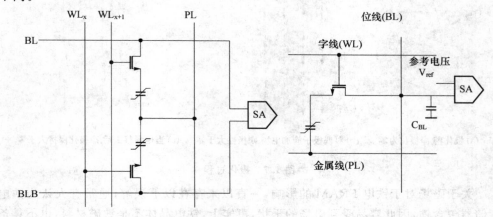

图 1.5　2T-2C 与 1T-1C 的比较

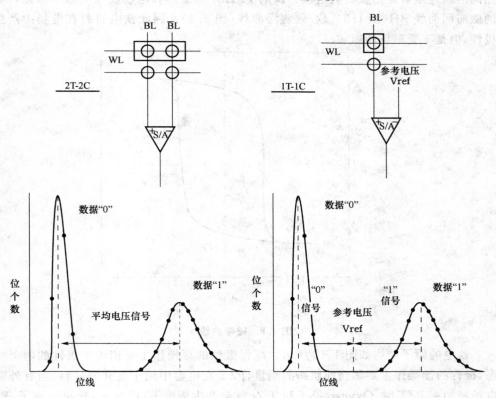

图 1.6　2T-2C 与 1T-1C 的操作比较

初始的脉冲电压施加到铁电电容上,会产生大于零的净极化力,同时该域地区相邻的块会形成相同的极化方向。图 1.7 表示了这个极化过程中的不同状态。

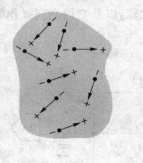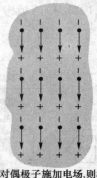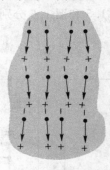

(a) 极化前,净极化为零　　(b) 对偶极子施加电场,则极性大于零　　(c) 当电场移去后,净极化保持大于零

图 1.7　极化过程

关于磁场对于铁电 FRAM 的影响,一直以来存在以下误解,通常有人认为铁电存储器包含铁,因此容易受到磁场的干扰,事实上,铁电晶体不是铁磁材料,也不具备相同的属性或者是由铁材料组成。铁电 FRAM 的极性和电场曲线类似于铁磁材料的磁滞回曲线 BH(图 1.8),软/硬磁滞曲线(图 1.9)。因此铁电材料在电场中产生极性,但是不受磁场的影响。

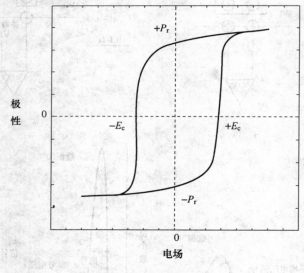

图 1.8　磁滞曲线

铁电的原子结构如图 1.10 所示。配置极性的写操作主要依赖于极性的两个状态,极性的读操作主要靠当前状态的测量,PZT 在电容中用于电介质材料,当有外部电场施加在 PZT 时,Oxygen 原子和 TiZr 就会产生耦极子,相对于 Oxygen 原子,Pb 和 TiZr 就会位移,产生自发的极化。这种极化是可逆的,它可以通过外部施加大于 200 kV/cm 的电场进行逆向转化。

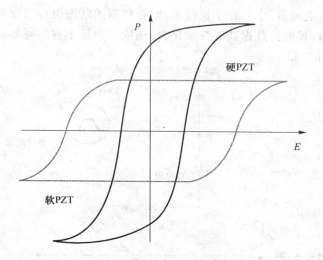

图 1.9 铁电的软/硬磁滞曲线

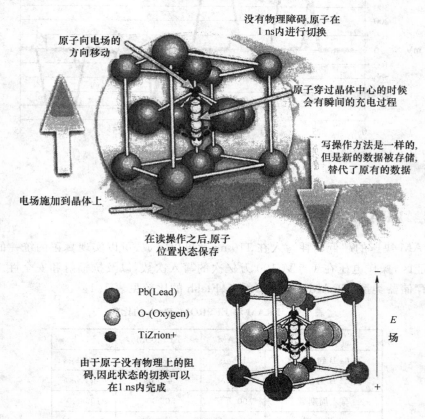

图 1.10 铁电的原子结构

当一个电场被加到铁电晶体时,中心原子顺着电场的方向在晶体里移动。当原子移动时,它通过一个能量壁垒,从而引起电荷击穿。内部电路感应到电荷击穿并设置存储器。移去电场后,中心原子保持不动,存储器的状态也得以保存。铁电存储器不需要定时更新,掉电后数据能够继续保存,速度快而且不容易写坏。实际的模拟测试图可以参考图 1.11。

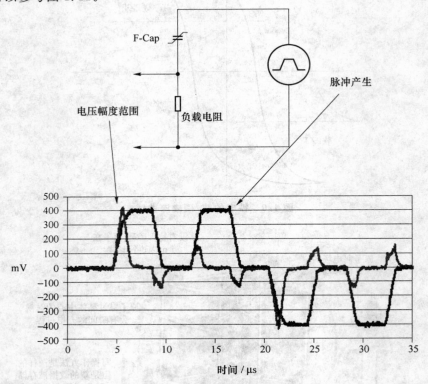

图 1.11 铁电晶体模拟的测试图

1.2.2 FRAM 优势

FRAM 快速的超低功耗写入在 110 ns 就可以完成,可以实现真正的统一的数据区和地址区,操作电压在 1.5 V、100 万亿次的写入次数,以及抗辐射和安全性。针对不同的存储器类型,FRAM 和 EEPROM、Flash 的比较见表 1.1。

表 1.1 FRAM 和 EEPROM、Flash 的比较

	FRAM	EEPROM	Flash
写 64 B 到存储区	1.6 μs	2.200 μs	6.400 μs
读 64 B 到存储区	1.6 μs	4.5 μs	4.5 μs
写入周期数	100 万亿	500 000	100 000
操作电压	1.5 V	10~14 V	10~14 V
生产周期	—	大于 3 倍	3 倍
抗 Gamma 射线	是	否	否

实际例子,FRAM 对于浮栅形式的架构器件来讲,速度和功耗都快很多。典型的串行 EEPROM 速度是 20 MHz,需要 5 ms 的时间写 32 B,在同样的情况下,FRAM 需要 2 ms 的时间写 4 KB。另外,EEPROM 需要 10.5 mJ 的能量来完成 4 KB 的写操作,而 FRAM 只需要 27 μJ 的能量来完成 4 KB 的写操作。

　　Flash 在写入之前需要擦除,因此需要花费比较长的时间(一般多个 ms)和功耗(由于需要高电压,会需要耗费一些能量)。在电源掉电电容电荷放电的情况下,能够写入多少次呢? 实际结果如图 1.12 所示。

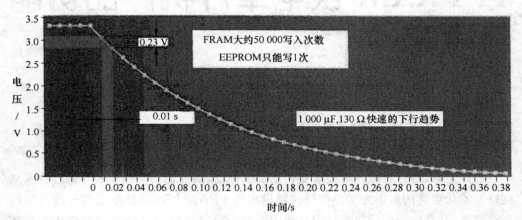

图 1.12　FRAM 和 EEPROM 在不同电压下的写入时间

　　FRAM 有两个以下主要的效应。

　　① "破坏性读"操作。每个 FRAM 单元需要电压脉冲来读取极化状态,由于每次脉冲会对 FRAM 单元产生极化,因此会毁坏掉以前的内容,FRAM IP 核块执行立即回写操作来刷新内容,这一操作对用户是不可见的。如果正在执行读和回写操作,电源突然掉电会发生什么事情呢? 这个效应叫做防插拔(Anti‐tering),在设计中有一个特殊的保护电路来保证回写操作,它监测电压跌落,同时隔离 FRAM IP 和外围的系统,内部集成的电容保持有足够的能量来执行回写操作。

　　② "热致退偏"效应。在温度高于 260 ℃,对于 PZT 压电陶瓷会产生许多效应,其中一个效应叫"热致退偏"。晶体结构由于 TiZr 不能移动,晶体结构变成不能被极化的结构。在 260 ℃回流焊后,读铁电材料退化的幅度,FRAM 内核有很低的读取电压,同时在回流焊中热应力之前,写数据的时候有更高的错误率,有小量的标志性错误。因此不建议在回流焊前对芯片编程,推荐在回流焊后,对芯片进行编程。

第 **2** 章

TI FRAM 铁电单片机产品功能特点

2. 1 MSP430FRAM 功能概述

放眼全球,每一种应用都要求更快更高的性能,因此需要采用新的存储器技术来支持智能化更高的解决方案。德州仪器推出的 FRAM 能提供具备动态分区功能统一存储器,且存储器访问速度比闪存快 100 倍。FRAM 还可在所有功耗模式下实现零功耗状态保持,这意味着即使发生掉电的情况也可保证写入操作。由于写入寿命能实现 100 万亿次,故不再需要 EEPROM。所有这些功能均可在低于 100 μA/MHz 工作功耗的条件下实现。

嵌入式 FRAM 的优点有:超低功耗读/写吞吐量的增加;真正的统一存储器可以作为闪存或者 RAM 进行配置;行业领先的读/写速度;无限的写入寿命(10^{14} 个周期);内部的安全性和抗辐射性。

采用嵌入式 FRAM 的 MSP430 器件将业界 MCU 工作模式下的功耗基础上减半,达到 100 μA/MHz 以下。读/写操作仅需 1.5 V 电压,如图 2.1 所示。因此能在没有充电泵的情况下操作,这不同于闪存和 EEPROM,可以降低功耗,并将物理封装减至最小尺寸。

在吞吐量相同的情况下,FRAM 的功耗比闪存的低 250 倍。在以相同速度(12 kbit/s)运行的情况下,FRAM 的功耗比基于闪存的器件的低 250 倍。CPU 速度为 8 MHz,双方存储器选件均采用速率为 12 kbit/s 的吞吐量(典型应用),FRAM 消耗 9 μA,速率为 12 kbit/s;闪存消耗 2 200 μA。FRAM 是真正的统一存储器,如图 2.2 所示。

FRAM 能让开发人员将相同的存储器块用作高速缓存(RAM)、程序存储器或数据存储器。开发人员使用 FRAM 可根据用户开发周期的当前状态对存储器进行动态分区。此功能可缩短上市时间,简化库存控制,单一器件能以动态方式配置到多种存储器配置中。FRAM 统一存储器块可动态配置为程序、数据或信息存储器,从而实现无可比拟的灵活性。除了降低功率性能,FRAM 还能保持极高的数据吞吐量。采用嵌入式 FRAM 的 MSP430 能将存取时间控制在 50 ns,最高可实现 1 400 kbit/s 的速度。使用 FRAM,嵌入式存储器将不再是应用中的瓶颈,如图 2.3 所示。

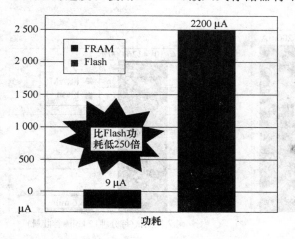

图 2.1　MSP430 功耗的比较

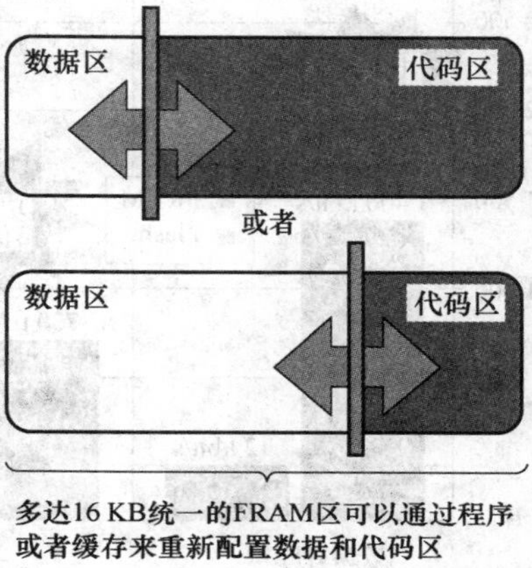

图 2.2　真正的统一的存储器

FRAM 的最大吞吐量比闪存的最大吞吐量高 100 倍,而其功耗比闪存的功耗低 3 倍。CPU 速度为 8 MHz,双方存储器选件均写入 512 B 存储器块;FRAM 最大吞吐量＝1 400 kbit/s,电流为 730 μA;闪存最大吞吐量为 12 kbit/s,电流为 2 200 μA,几乎无限的写入寿命(10^{14} 个周期)。

嵌入式 FRAM 还能提供现有存储器技术无法匹敌的长效寿命。FRAM 可提供几乎无限的寿命,为 10^{14} 个周期。此延长的写入寿命对于数据记录、数字化权限管理、电池供电的 SRAM 以及其他应用尤其有效。

FRAM 可提供几乎无限的寿命(10^{14} 个周期),这比闪存的周期性能高出 10^{10} 倍,如图 2.4 所示。

FRAM 写入寿命能实现比闪存高 10^{10} 倍的存储器寿命。测试案例:CPU 速度为 8 MHz,双方存储器选件均采用速率为 12 kbit/s 的吞吐量(典型应用),FRAM 将持续 6.6×10^{10} min;闪存将持续 6.6 min。

相比现有的闪存和 EEPROM 技术,FRAM 提供额外的安全性和抗辐射性能。由于 FRAM 是基于晶体的,而不是基于电荷基础上,它的软错误率比较低(FIT＜0.051/MB,SRAM:FIT＜0.16/MB。例如易失性存储器 DRAM 和 SRAM 使用电容来存储电荷或使用简单的锁存器来存储状态。这些单元容易受到 α 粒子、宇宙射线、重离子、伽马射线、X 射线等的损坏,这可能导致位翻转为相反状态。这就称为软错误,因为后续写入将被保留。此情况的发生概率就称为器件的软错误率。典型情况下,软错误率使用即时故障数(FIT)或平均无故障时间(MTBF)表示。量化即时故障的单位是 FIT,它等价于设备运行过程中每 10 亿小时发生一次错误。MTBF 通常以设备运行年数来表示。1 年的 MTBF 近似等于 114 077 FIT)。同时不容易受到辐射。此外,FRAM 的超低功耗要求和高速度,能真正做到让未经授权的监听或数据探查无法检测到其数据读/写。

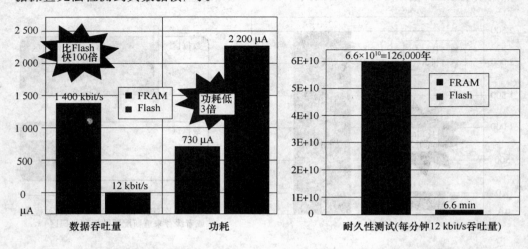

图 2.3　FRAM 数据吞吐量　　　　　图 2.4　FRAM 擦写周期

　　MSP430FRxx 系列单片机包括各种外设功能,能满足各种应用场合。MSP430FR572x 和 MSP430FR573x 系列 16 位 RISC CPU 包括 5 个 16 位定时器,比较器,通用串行通信接口 eUSCI,支持 UART、SPI、I^{2}C 和硬件乘法器,DMA,带报警功能的实时时钟,存储器保护单元,ECC 错误代码效验,统一的数据和程序存储区,支持最多 33 个 I/O 口,以及内部 10 位 ADC 转换器,适合于消费类电子、智能电表、电动工具、医疗保健和工业系统应用。TI FRAM 铁电存储器功能框图如图 2.5 所示(以 MSP430FR57xx 为例),支持统一的存储区寻址,超快速超低功耗(110 ns),错误纠正功能(ECC),存储区单元,5 个定时器和硬件 RTC(RTC 具有日历模式,RTC_B 操作在 LPM3.5 模式下,具有多个报警方式,内部时钟校准,可选择 BCD 格式输出,具有增强性的中断能力,包括报警、OF 错误、RTC Ready 和 RTC cev 等,必须注意需要外接 32.768 kHz 晶振,eUSCI,10 位的 ADC,比较器和缓存。

　　MSP430FRAM 运行功耗是 82 μA/MHz。目前 MSP430 FRAM 系列和 MSP430F5xxx 系列有什么不同呢?电源供电方面,MSP430FR57xx 系列只有一个内核电压,供电电压范围为 1.8～3.6 V,而 MSP430F5xxx 系列工作电压范围为 2.0～3.6 V。时钟源方面,MSP430FR57xx 内部有出厂校准的 DCO,而且有 3 个可设置的时钟频率。外设方面,MSP430FR57xx 有 MPU 存储区保护单元和增强型 eUSCI。

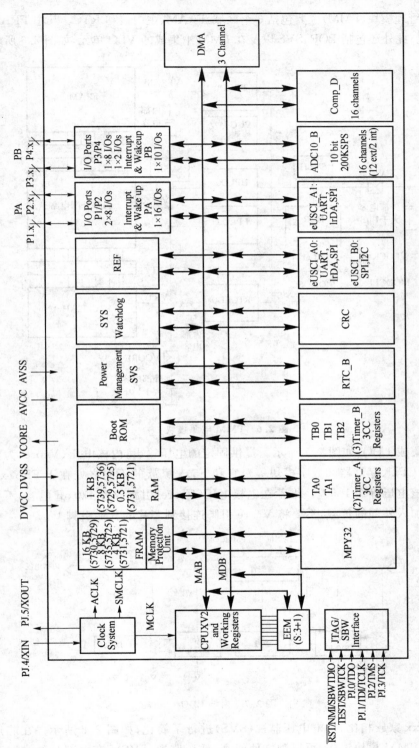

图 2.5　MSP430FRxx 框图

电源管理模块(PMM)主要包括 3 个区域:FRAM、主内核和 RTC。其中 FRAM 有保护单元。此外还包括 BOR、SVS 以及在 PMM 中集成的 VLO 单元,如图 2.6 所示。

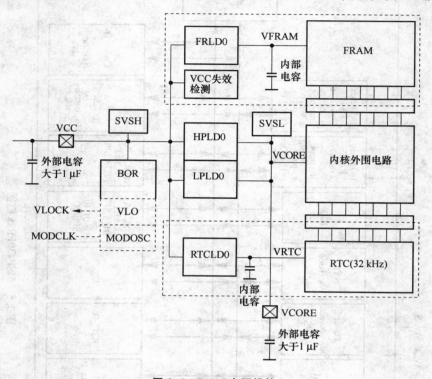

图 2.6   PMM 电源模块

内核集成 LDO,如图 2.7 所示。提供固定的电压输出,内核电压(Vcore)为数字内核供电(CPU、存储器和数字模块等),它和 F5xx 家族的不同之处在于 FR57xx 只有一个内核电压等级 1.5 V。推荐在电核电压(Vcore)引脚放置 470 nF 电容,不要在这个引脚加入外部的负载,不要将 Vcore 引脚连接到芯片的其他引脚上。

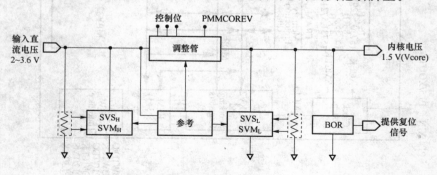

图 2.7   内核 LDO

与 F5xx 家族相比,供电电压监视(SVS)进行了简化,如图 2.8 所示。在芯片上电的时候,PMM 模块工作,可以独立使能高/低压监视,SVSH 在大部分的模式下都是使能的,不能关闭,默认在 LPM4.5 模式下是关闭的。SVSL 在激活/LPM0 是使能的,不能被关闭;在 LPM1、LPM2 模式下默认是使能的,可以被关闭;在 LPM3、LPM4 和 LPMx.5 模式下是关闭的。

　　系统时钟有 5 个独立的时钟源,包括低频时钟 LFXT1 32 768 Hz 的晶振,VLO 的 10 kHz;以及高频时钟,XT1/XT2(4～20 MHz 晶振),DCO。默认的 DCO 是 8 MHz,MCLK ＝ DCO/8 ＝ 1 MHz,系统时钟如图 2.9 所示。

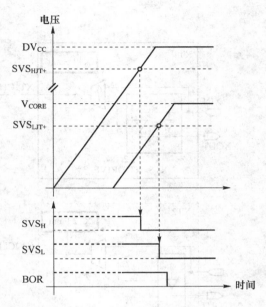

　　系统时钟 DCO 是出厂校准的。对所有的系统时钟可以进行分频,在 XT1 和 XT2 上有旁路模式,VLO 在所有的系统模块(如电源管理等)中都具备。在 XT1LF 时钟失效的时候,切换到 VLO 时钟;在 XT1HF 或者 XT2 时钟失效时切换到 VLO 时钟。XT1 和 XT2 共享相同的 I/O,XT1 和 XT2 通过 Vcc 和 Vss 隔离,MODOSC 时钟主要用于 ADC、PMM 的延时以及 SBW 调试。DCO 时钟系统在不同的温度和电压下的调整表如表 2.1 所列。

图 2.8　电压监视 SVS

表 2.1　系统 DCO 设置

参　数	测试条件	Vcc	最小　典型　最大值	单位
fDCO,LO DCO 时钟 低频,校准	ACLK 在 DCORSEL＝0 下测量	2.0～3.6 V,－40～85℃	5.333＋/－3.5%	MHz
		2.0～3.6 V,－10～50℃	5.333＋/－2.0%	
	ACLK 在 DCORSEL＝1 下测量	2.0～3.6 V,－40～85℃	16＋/－3.5%	MHz
		2.0～3.6 V,－10～50℃	16＋/－2.0%	
fDCO,LO DCO 时钟 中频,校准	ACLK 下,DCORSEL＝0	2.0～3.6 V,－40～85℃	6.667＋/－3.5%	MHz
		2.0～3.6 V,－10～50℃	6.667＋/－2.0%	
	ACLK 下,DCORSEL＝1	2.0～3.6 V,－40～85℃	20＋/－3.5%	MHz
		2.0～3.6 V,－10～50℃	20＋/－2.0%	
fDCO,LO DCO 时钟 高频,校准	ACLK 下,DCORSEL＝0	2.0～3.6 V,－40～85℃	8＋/－3.5%	MHz
		2.0～3.6 V,－10～50℃	8＋/－2.0%	
	ACLK 下,DCORSEL＝1	2.0～3.6 V,－40～85℃	24＋/－3.5%	MHz
		2.0～3.6 V,－10～50℃	24＋/－2.0%	
fDCO,DC, 占空比	ACLK 下,一分频	2.0～3.6 V,－40～85℃	40　50　60	%

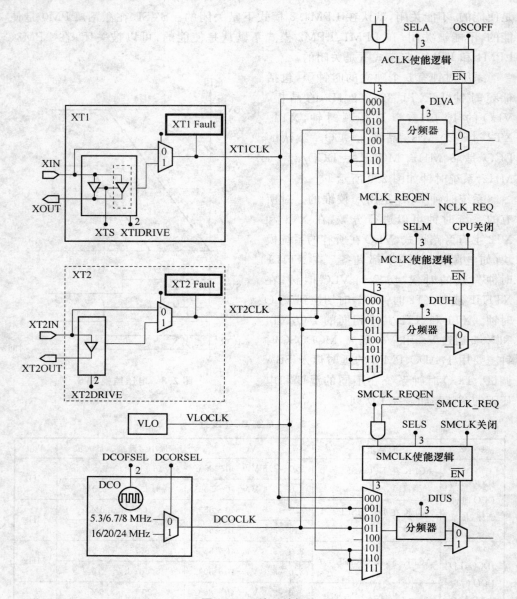

图 2.9　系统时钟框图

DCO 有 3 个固定的频率,可以对其进行预分频为 ACLK、MCLK、SMCLK,为系统提供时钟。由于 DCO 相对简单,不需要额外的电容等,成本较低;但是其功耗相对于外围晶振会高一些,同时 DCO 的时基频率较高,时钟频率有一定的离散度,图 2.10 表示 DCO 在不同频率下的设置数值。

FRAM 控制器(FRCTL)的功能如下,可以参考图 2.11 所示。

① FRAM 的读/写类似于标准的 RAM。

② 读/写频率小于等于 8 MHz。

③ 对于 MCLK 大于 8 MHz,可以通过等待时钟稳定。在 FRAM 的读/写周期中内建错误效验和纠正(ECC)单元。

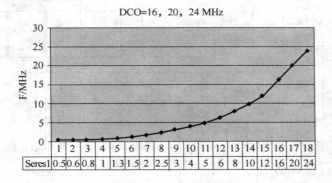

DCO=16, 20, 24 MHz

| Seres1 | 0.5 | 0.6 | 0.8 | 1 | 1.3 | 1.5 | 2 | 2.5 | 3 | 4 | 5 | 6 | 8 | 10 | 12 | 16 | 20 | 24 |

图 2.10　DCO 在不同频率下的设置

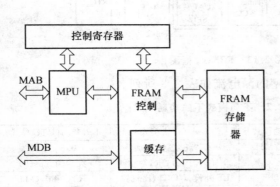

图 2.11　FRAM 控制器(FRCTL)

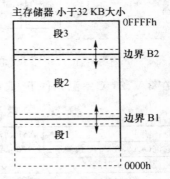

图 2.12　存储器划分

存储器划分如图 2.12 所示。B1 和 B2 把 Memory 存储区划分为 3 个区域,每个区域可以独立地读/写访问,同时可以通过 Boot 代码进行锁定。

TI FRAM 微处理器今后的发展,FR58XX 会有如下的特性,其框图如图 2.13 所示。

FRAM 供电上,使用 LDO 架构;不需要外部的 Vcore 电容;支持低负载电容 3.6 pF 的晶振,在时钟晶振上更节省功耗;在 IP 保护上支持对选定 FRAM 区的读保护;支持 AES256/192/128 加密;在低端产品上支持电容捕获的 I/O;支持 LPM3.5 模式下的 RTC,其操作电流为 500 nA,支持所有 I/O 口的状态保持,同时可以从 I/O 口唤醒。其功耗更低,相关不同模式下的对比如表 2.2 所列。

这里注意表中的(1)表示从唤醒事件到开启时钟进入中断向量的时间。(2)表示从唤醒事件到开启时钟进入用户复位向量的时间。(3)表示 0.8 μA 包括 RTC 和 WDT(使用 3.6 pF 32 kHz 晶振)的功耗,激活额外的模块导致高电流消耗。(4)表示 0.5 μA 包括 RTC(使用 3.6 pF 32 kHz 晶振)运行的功耗,使用晶振和高负载电容会导致高电流消耗。(5)表示激活 SVS 导致高的电流消耗,SVS 不包括在 0.5 μA 之内。

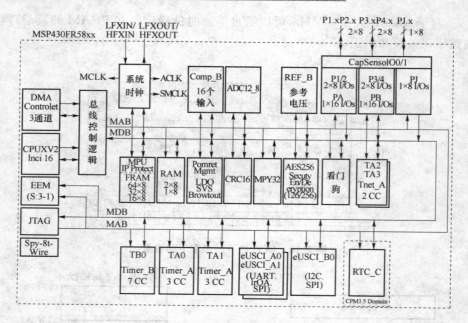

图 2.13 FR58xx 框图

在 3 V、25 ℃ 室温条件下,典型的漏电流如表 2.3 所列。

表 2.2 不同模式下的功耗

	AM(活动模式)	LPM3(待机模式)	LPM3.5(RTC 模式)
电流(μA),在 25 ℃ 条件下	100 μA/MHz	0.8 μA(3)	0.5 μA(4)
唤醒时间	无	小于 10 μs(1)	大约 100 μs(2)
唤醒事件	支持所有事件	LF 外设、I/O 口,比较器	RTC 和 I/O 口
CPU	开启	关闭	关闭
高频外设(SMCLK,MCLK)	使用	不使用	不使用
低频(ACLK)外设	使用	使用(3)	不使用(4)
全部保持	使用	使用	不使用
SVS	使用	使用	可选择(5)
电压溢出检测	有	有	有

表 2.3 典型的漏电流

	LPM3 模式	RTC 模式	LPM4.5 模式
晶圆设计最大电流	800 nA	500 nA	50 nA
漏电流	113	2.5	0.5
数字 AC	154	154	
PMM 电源管理	346	216	12
时钟模式消耗电流	60	60	
总共消耗电流	613 nA	432 nA	13 nA

相比于 MSP430F5438 在 16 MHz 的主频下,典型的活动模式下的功耗为 312 μA/MHz,而 FR5739 只有 105 μA/MHz。

32 kHz 晶振下的功耗如图 2.14 所示。

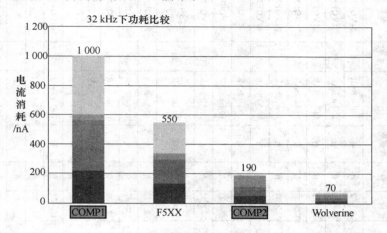

图 2.14　32 kHz 晶振下的功耗

ADC12 模块在不同模式下的功耗如图 2.15 所示。

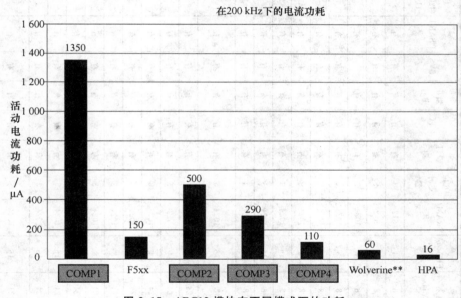

图 2.15　ADC12 模块在不同模式下的功耗

2.2　MSP430FRAM 的选型表

MSP430FRAM 的选型表见表 2.4。

表 2.4 MSP430FRAM 的选型表

型号	家族	主频/MHz	FRAM/KB	SRAM/B	16位定时器	看门狗	RTC	溢出复位	SVS	USART	USCI (I2C/SPI/UART)	DMA	乘法器	比较器	温度传感器	ADC	ADC通道	引脚和封装
MSP430FR5720	FRAM 系列	8	4	512	3	有	有	有	有	有	有	有	32×32	有	有	10-bit SAR	8	24VQFN
MSP430FR5721	FRAM 系列	8	4	512	5	有	有	有	有	有	有	有	32×32	有	有	10-bit SAR	14	24VQFN
MSP430FR5722	FRAM 系列	8	8	1024	3	有	有	有	有	有	有	有	32×32	有	有	10-bit SAR		24VQFN
MSP430FR5723	FRAM 系列	8	8	1024	5	有	有	有	有	有	有	有	32×32	有	有	10-bit SAR		24VQFN
MSP430FR5724	FRAM 系列	8	8	1024	3	有	有	有	有	有	有	有	32×32	有	有	10-bit SAR	8	24VQFN
MSP430FR5725	FRAM 系列	8	8	1024	5	有	有	有	有	有	有	有	32×32	有	有	10-bit SAR	14	40VQFN
MSP430FR5726	FRAM 系列	8	16	1024	3	有	有	有	有	有	有	有	32×32	有	有	10-bit SAR		40VQFN
MSP430FR5727	FRAM 系列	8	16	1024	5	有	有	有	有	有	有	有	32×32	有	有	10-bit SAR		40VQFN
MSP430FR5728	FRAM 系列	8	16	1024	3	有	有	有	有	有	有	有	32×32	有	有	10-bit SAR	8	24VQFN
MSP430FR5729	FRAM 系列	8	16	1024	5	有	有	有	有	有	有	有	32×32	有	有	10-bit SAR	14	38TSSOP, 40VQFN
MSP430FR5730	FRAM 系列	24	4	512	3	有	有	有	有	有	有	有	32×32	有	有	10-bit SAR	8	24VQFN
MSP430FR5731	FRAM 系列	24	4	512	5	有	有	有	有	有	有	有	32×32	有	有	10-bit SAR	14	24VQFN
MSP430FR5732	FRAM 系列	24	4	1024	3	有	有	有	有	有	有	有	32×32	有	有	10-bit SAR		24VQFN
MSP430FR5733	FRAM 系列	24	8	1024	5	有	有	有	有	有	有	有	32×32	有	有	10-bit SAR		24VQFN
MSP430FR5734	FRAM 系列	24	8	1024	3	有	有	有	有	有	有	有	32×32	有	有	10-bit SAR	8	
MSP430FR5735	FRAM 系列	24	8	1024	5	有	有	有	有	有	有	有	32×32	有	有	10-bit SAR	14	40VQFN
MSP430FR5736	FRAM 系列	24	8	1024	3	有	有	有	有	有	有	有	32×32	有	有	10-bit SAR		
MSP430FR5737	FRAM 系列	24	16	1024	5	有	有	有	有	有	有	有	32×32	有	有	10-bit SAR		
MSP430FR5738	FRAM 系列	24	16	1024	3	有	有	有	有	有	有	有	32×32	有	有	10-bit SAR	8	24VQFN
MSP430FR5739	FRAM 系列	24	16	1024	5	有	有	有	有	有	有	有	32×32	有	有	10-bit SAR	14	38TSSOP, 40VQFN

2.3　MSP430FRAM 产品与 Flash 芯片实际对比测试

2.3.1　最大的写入速度和写入功耗测试

　　MSP430FRAM 和 MSP430F5430 的比较如下：Flash 最大为 13 kbit/s，FRAM 最大为 1.5 Mbit/s，其中 Flash 消耗的电流为 2 mA，而 FRAM 消耗的电流为 0.7 mA。Flash 写入功耗测试结果为：FRAM 是 9 μA（在 12 kbit/s 写入速度，512 B）；Flash 是 2 mA。

2.3.2　FRAM 优化数据保存

　　MCU 嵌入 FRAM，减少了整体引脚和成本，简化了系统设计。整体架构消除了芯片到芯片之间的内部连接，可以明显地提高 MCU 到存储器之间内部总线的速度，这点在 Flash 或者 EEPROM 存储器中是不能提供的。

　　FRAM 高速读写，低功耗，长寿命，采用防篡改保护，提高数据安全性。由于 FRAM 快速的写操作特性，不需要 MCU 等待来完成写操作。即便是突然断电，对数据高速的写操作可以保证数据被快速地写入。当电源恢复的时候，MCU 可以从上次的状态重新开始操作。这点对于需要立即存储重要参数，然后从断电时刻恢复开始执行上次操作过程十分重要。

　　另外，由于不需要轮询 Flash 来完成写操作，程序代码量可以减少。在常规的 Flash 存储器中需要等待轮询有效后才能完成写操作。FRAM 不需要代码做损耗均衡（Wear Leveling，这一技术在 Flash 和 EEPROM 有限的写入次数中广泛使用，它是 Flash 控制芯片技术上的一项重要设计，可以将写入的数据平均在每一个 Flash 芯片的区块上，而非重复写入同一个区块，造成 Flash 芯片的损害，可以顺利延长 Flash 芯片使用寿命，因此 Wear Leveling 技术几乎是 Flash 控制芯片设计上的必备）。FRAM 几乎无限次的寿命使得损耗均衡技术成为多余。假设在 10 MHz 的速率下，对存储区的访问是 4 个时钟周期，将需要 12.5 年时间将铁电材料损耗殆尽。

　　MSP430 的 Flash 型芯片采用闪存存储器作为程序代码及信息的存储，可以实现多次擦除和写入，也可以实现在线写入，其写入可以由 JTAG 接口来完成，也可以由芯片内的驻留软件实现，只需运行的程序代码存储区与待编程的存储区不在同一模块中。Flash 存储器的基本功能如下：在程序执行时提供代码和数据；在软件或 JTAG 接口控制下做一段、多段或整个模块的擦除；在软件或 JTAG 接口控制下写入数据，在 x000h～x1FFh 的 512 B 区域内可实现双倍编程速度。Flash 存储器模块是一个可独立操作的物理存储器单元。全部模块安排在同一个线性地址空间中，一个模块又可以分为多个段。当对 Flash 存储器段中的某一位编程时，就必须对整个段擦除，因此，Flash 存储器必须分为较小的段，以方便实现擦除和编程。Flash 存储器绝大多数时间工作在读模式。这时数据、地址锁存器是透明的，时序发生器和电压发生器关闭。当数据写入 Flash 存储器模块,或者它的全体或部分被擦除时,Flash 存储器改变它的工作模式。这时需要在控制寄存器 FCTL1、FCTL2 和 FCTL3 中设置适当的参数以保证编程/擦除操作的正确执行。一旦控制寄存器设置后,编程/擦除操作开始,时序发生器即控制全部执行过程,产生全部内部控制信号。如果 BUSY 位为"1",就表明时序发生器还在工作,编程/擦除操作正在进行。对于段编程还有第二个控制位 WAIT。编程/擦除操作有 3 个基本阶段:准备编程/擦除电压阶段、时序控制编程/擦除操作及关闭编程/擦除电压。一旦编程/擦除操作开始,在 BUSY 位变为"0"之前无法对 Flash 存储器访问。若有异常情况,则正在进行的编程/擦除操作要立即停止,可以用紧急退出位 EMEX 置位来实现。但是,这时操作并未完成,结果可能是不正确的。MSP430 Flash 系列芯片中只集成了一个 Flash 模块用作程序和数据存储器。这就意味着在对 Flash 进行编程时,中断向量是不起作用的,任何中断请求都得不到响应。所有可能的中断源(包括看门狗)在对 Flash 进行擦除/编程操作前,都应该被屏蔽掉。

下面举例比较 Flash 和 FRAM 写操作代码的不同。

(1) 对 Flash 的写操作代码示例

```
Void flash_eraseFLASH( int * seg)
{FCTL2 = FWKEY|FSSEL0|20;             //时钟源是 MCLK,分频数为 20
do {_NOP();}while(FCTL3&0x0001);      //等待 BUSY 信号来复位
FCTL3 = FWKEY;                        //复位 LOCK 位来使能编程或擦写
FCTL1 = FWKEY|ERASE;                  //设置单段擦写功能
* seg = 0xFF;                         //执行冗余的写操作来开始擦除操作
FCTL3 = FWKEY|LOCK;                   //再次锁 Flash
return;
}
Void flash_writeByte(int * dst, int value)
{
FCTL2 = FWKEY|FSSEL0|20;             //时钟源是 MCLK,分频数为 20
do
{_NOP();}while(FCTL3&0x0001);         //等待 BUSY 信号来复位
FCTL3 = WKEY;                         //复位 LOCK 位来使能编程或擦写
FCTL1 = FWKEY|WRT;                    //设置 WRT 单次访问
* dst = value;                       //写一个字节
* Flash_ptr = * dst;return;}          //写数据必需先擦除,再写
```

(2) 对 FRAM 的写操作代码示例

```
void FRAM_Write(unsigned int StartAddress)
{
  unsigned long * FRAM_write_ptr;
  unsigned long data = 0x12345678;
```

```
unsigned int i = 0;
//如果 FRAM 写地址出现冲突,则退出循环
if((StartAddress> = FRAM_TEST_START)&&(StartAddress<FRAM_TEST_END))
{
//配置 FRAM 指针
FRAM_write_ptr = (unsigned long *)StartAddress;
//Write 128 * 4 = 512 bytes
for ( i = 0;i<128;i + +){ * FRAM_write_ptr + + = data;}
}
}
```

从上述两个比较代码中,不难看出 FRAM 的操作简单而且快捷。

2.3.3　最大化 FRAM 的写入速度

　　FRAM 能够以极快的速度进行访问,下面讲述如何最大化 FRAM 的写入速度,下面的测试是在 MSP430FR5739 芯片上进行的,主要讨论 CPU 时钟频率、块尺寸以及它们对 FRAM 写入速度的影响。

　　与 MSP430 存储器比较,FRAM 具有易用性,不需要配置解锁控制寄存器,存储器不是分段形式,每个位都可以独立地擦写和寻址等;不需要在擦数据之前进行写操作,允许低功耗的访问而不需要充电电荷泵,可以在全电压范围操作(2.0~3.6 V),可以在 8 Mbit/s 的速度下进行写操作(Flash 最大的写入速度是 14 kbit/s,这里的速度包括擦除过程);当然在大于 8 MHz 下使用时,需要访问等待。与 Flash 比较,FRAM 和静态 RAM 的特点如表 2.5 所列。

表 2.5　嵌入式存储器技术的比较

	FRAM	SRAM	Flash
每字写入速度	125 ns	小于 125 ns	85 ns
擦除时间	不需要预擦除操作	不需要预擦除操作	23 ms 对应 512 B
是否支持位编程	支持	支持	不支持
写入次数	100 万亿次	N/A	10 万次
非易失性存储	是	不是	是
内部写入电压	1.5 V	1.6 V	12~14 V(需要电荷泵)

　　所有的 FRAM 的访问频率是 8 MHz 或者是 125 ns,但是 MSP430FR573x 的系统时钟速度 MCLK 达到 24 MHz,因此,FRAM 控制器自动地插入等待来防止 FRAM 的访问速度超过 8 MHz。这些等待是自动控制的,例如对固件进行编程,在应用中要求对 FRAM 的读写时序很精确等。

1. FRAM 写入速度最大化的理论计算

　　MSP430FR5739 数据手册中标明 FRAM 字或者字节写入时间是 125 ns,这个速

度是最大的写入时间,对应 8 MB 或者 16 B。但是这个最大的速度是理论上的,主要是它不包括取数和数据处理的时间。和大块的数据比较,小块的数据需要频繁的数据更新。因此,一个增加 FRAM 写入速度的方式是尽量减小在数据处理过程中 CPU 对其的干预,使用 DMA 来优化数据的传输。第二个优化写入速度的方法是提高 CPU 的运行速度,在速度大于 8 MHz 的时候,允许操作和处理数据在缓存中。下面将详细讨论这两种方法。

2. 使用 DMA 提高 FRAM 写入速度

由于 FRAM 的写入速度非常高,最大的瓶颈是数据加工和处理的开销。由于通信协议的限制或者是应用中数据的移动以及数据指针的更新的限制导致速度不能提高,图 2.16 展示了在 8 MHz 的 CPU 时钟频率下,对 2～512 B 的数据执行移动和自加操作。同时也使用 DMA 方式来对上述数据进行操作,可以看到小块的数据使用 DMA 方式不能看到很显著的效果,但是随着块大小的增加,使用 DMA 方式减小了 CPU 每个时钟的干预,从而减小了整个的写入时间,极大地增加了 FRAM 的写入速度。图 2.16 中,针对 512 B 的块,使用 DMA 方式写入 FRAM 的速度比不使用 DMA 方式快 4 倍。

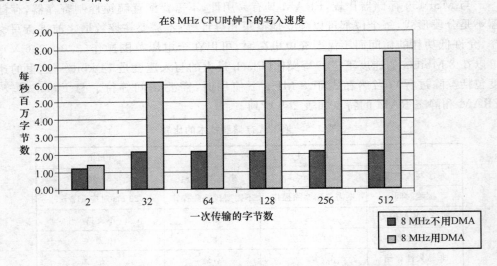

图 2.16 使用 DMA 的写入速度与不使用 DMA 的速度比较

每次 DMA 传输需要 2 个 MCLK 时钟周期,当使用 DMA 对存储器写入时,使用块的方法是首选,设置块的初始开销比块传输的大小要大。由于 FRAM 写入类似于 RAM 写入,因此不需要特别的处理。FRAM 块写入代码按照如下步骤执行:

① 初始化 DMA 寄存器,配置块大小。

② 对 GPIO 口取反标示 DMA 传输开始。

③ 设置 DMA 触发块传输。

④ 对 GPIO 取反标示 DMA 传输结束。

由于 DMA 块在传输和处理过程中,CPU 是处于保持状态,这种状态持续到 DMA 过程完成,在传输完成后是不需要检查 DMA 结束中断标志的,GPIO 口用于测量每个块的 DMA 写入时间,下面的代码编写采用汇编来实现。代码设置如下:

```
mov.w #0x1D00,R4              //在 SRAM 的地址 0x1D00 存储数据
mov.w #0x1234,0(R4)
SetupPort                     //对 P3.6 取反
bis.b #BIT6,&P3DIR
SetupDMA
movx.a #0x1D00,&DMA0SA        //起始块地址是 RAM 地址
movx.a #0xD000,&DMA0DA        //目的块地址对应 FRAM
scratchpad
mov.w #1,&DMA0SZ              //块大小从 1 到 4 096
                             //DMA 在重复块中,dst 目的地址以字的形式增加
mov.w #DMADT_5 + DMASRCINCR_0 + DMADSTINCR_3,&DMA0CTL
bic.w #DMADSTBYTE + DMASRCBYTE,&DMA0CTL
bis.w #DMAEN,&DMA0CTL         //使能 DMA0
Mainloop
bis.b #BIT6,&P3OUT            //数据开始传输时候,让 P3.6 输出高电平
bis.w #DMAREQ,&DMA0CTL        //数据传输结束时,让 P3.6 输出低电平
bic.b #BIT6,&P3OUT           //触发块传输
jmp Mainloop
```

图 2.17 展示针对不同的 DMA 块大小测量 FRAM 的写入速度,测量试验是在 CPU 时钟频率 8 MHz 下进行的。

图 2.17 显示了 8 192 B 的块大小,FRAM 写入速度接近 8 Mbit/s,这是理论写入速度的一半,这样做的原因是每次 FRAM 字写入,在实际数据传输过程中需要两个 CPU 周期,在实际的 FRAM 访问中,较小的块大小的写入操作,大部分的时间花费在 GPIO 口输出取反和对 DMA 的重新触发。虽然 8 KB 的大量数据传输可能不适合于所有的应用,可以看出即使是 512 B(和 Flash 闪存类似)的块大小,FRAM 写入速度约为 7.7 Mbit/s,相当于 500 B 块闪存写入速度的 500 倍。表 2.6 显示了实际针对不同的 DMA 块尺寸的写入时间和相应的写入速度。

3. 通过最大化时钟频率来提高 FRAM 写入速度

FRAM 控制器使用 2 级高速缓存,高速缓存有 64 位行大小。缓存使用静态 RAM 存储预取指令。图 2.18 显示了 FRAM 控制器的框图,FRAM 控制器根据当前 PC 指针的位置预取 4 个指令字。实际执行这些指令是在高速缓存器中进行,一旦高速缓存器满,FRAM 控制器保留当前缓存器中一个页 4 个字,同时获取下 4 个字。如果代码不连续,遇到两个页的缓存,就需要刷新缓存,从 FRAM 中恢复下 4 个

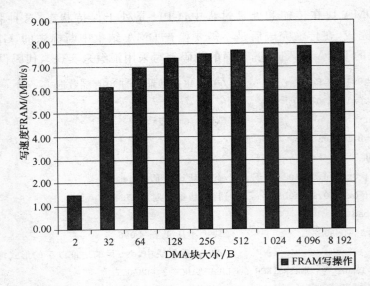

图 2.17　在不同的 DMA 块尺寸下 FRAM 的写入速度（CPU 时钟频率是 8MHz）

字指令。但是,如果应用程序代码目前已经在缓存位置上,相关的指令只需直接从缓存中执行,而不是重新从 FRAM 获取代码。注意:FRAM 是 8 MHz 的访问限制,系统时钟在 24 MHz 下执行时,可以使用缓存,这可以大大增大代码的吞吐量,在访问时不连续代码时需要插入等待来刷新缓存,此外,FRAM 控制器能有效地在后台使用缓存,这对用户来讲是透明的。

表 2.6　不同的 DMA 块尺寸下 FRAM 的写入速度（CPU 时钟频率是 8 MHz）

DMA 大小/B	MCLK＝8 MHz	MCLK＝8 MHz
	写入时间/μs	写入速度/(Mbit/s)
2	1.35	1.45
32	5.1	6.13
64	9.02	6.93
128	17.04	7.34
256	33.14	7.54
512	64.74	7.72
1024	128.3	7.79
4096	509.2	7.86
8192	1002	7.98

从缓存中执行代码时,写精简有效的程序循环可以减小缓存的更新,可以达到最大化的效率。注意,只有缓存指令以及所有的数据都直接从 FRAM 中提取。从缓存中执行,使得系统速度和功耗得到优化。主要是当从缓存执行代码时功耗显著低,执行吞吐量不仅限于 8 MHz,从而最大化 FRAM 的写入速度。当对 FRAM 执行写操

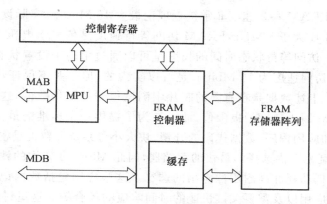

图 2.18　FRAM 控制器框图

作时,实验平台使用不同的时钟(8 MHz、16 MHz 和 24 MHz),使用不同的块尺寸,测试结果如图 2.19 所示。

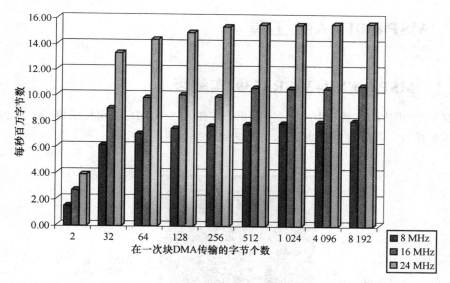

图 2.19　FRAM 写入速度与 CPU 时钟的比较(MCLK)

图 2.19 中的 3 条线状最左边的线条对应 fMCLK 为 8 MHz,中间线条和最右边线条分别对应 FRAM 时钟 fMCLK 为 16 MHz、24 MHz,考虑到 DMA 块尺寸数据大小为 512 B,在 fMCLK=8 MHz 下的速度为 7 Mbit/s,在 fMCLK=16 MHz 下的速度为 10 Mbit/s,在 fMCLK=24 MHz 下的速度为 15 Mbit/s。

通过数据可以知道增加 MCLK 的时钟频率,FRAM 写入速度不会成比例增加,这是因为访问 RAM 和对缓存器取指是在 24 MHz 下执行的。所有访问 FRAM 的时钟是在 8 MHz 下的。因此,整个块中只有部分数据因为 fMCLK 的增加使得速度增加,但是吞吐量是很显著的,尽管不是 1∶1 的比例增加,对应大概 3 倍的 MCLK 频率,FRAM 的写入速度增加 2 倍。同时 DMA 数据传输尺寸是 8 KB,在 fMCLK

为 24 MHz 下,FRAM 写入速度非常接近理论最大 16 Mbit/s,实际设计中需要注意以下几点:fMCLK 大于 8 MHz,FRAM 访问等待速度是依赖于电压 Vcc、温度和处理过程变化等。访问等待状态时间的长度是可以通过手动来设置状态控制寄存器,实际上 FRAM 访问速度为 16 Mbit/s 是可以实现的,但是并不保证,可能每个芯片会有一些不同。上述数据是在有限的芯片中测试得到的平均数值,这样做的目的主要是测试 FRAM 写入速度的极限值,而不是为了提供一个标准的最大写入速度,最大的写入速度和应用程序、数据代码的开销、块大小等系统参数也是密不可分的。

　　FRAM 无疑是可供选择的最快的存储器,因此 MSP430 架构的铁电存储器是需要极快写入的、低功耗和高耐用性应用的选择。这些应用包括数据记录中的远程传感器、能量收集应用以及需要关键快速的时间响应的场合等。这里讨论影响 FRAM 写入吞吐量的关键因素,通过对 MSP430FR5739 测试分析,实际的写入速度非常接近理论上的最大数值,这需要用户平衡现有的资源以及架构以达到最快的 FRAM 写入速度。

2.4 MSP430FRAM 工具

2.4.1 MSP – EXP430FR5739 实验板

　　MSP430FR5739 板(图 2.20)包括 3 个按钮、8 个 LED、加速传感器、温度传感器以及 RF 接口。其详细的功能在本书第 3 章介绍。

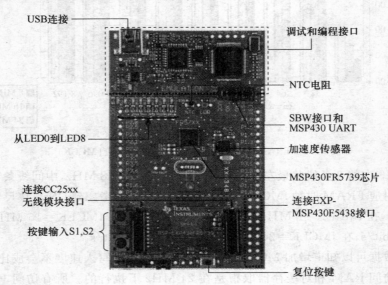

USB连接　　　　　　　　　　　　　　　调试和编程接口

　　　　　　　　　　　　　　　　　　　NTC电阻

　　　　　　　　　　　　　　　　　　　SBW接口和
　　　　　　　　　　　　　　　　　　　MSP430 UART

从LED0到LED8　　　　　　　　　　　　加速度传感器

　　　　　　　　　　　　　　　　　　　MSP430FR5739芯片

连接CC25xx
无线模块接口　　　　　　　　　　　　　连接EXP-
　　　　　　　　　　　　　　　　　　　MSP430F5438接口

按键输入S1,S2

　　　　　　　　　　　　　　　　　　　复位按键

图 2.20　MSP430FR5739 实验板

2.4.2　MSP‐FET430U40A 工具

工具套件如图 2.21 所示,包括 MSP‐FET430U40A 仿真器以及可以仿真 40 引脚 QFN 封装的 MSP430FR57xx 系列的目标板。MSP‐FET430UIF 是一款强大的闪存仿真工具,可在 MSP430 MCU 上快速开始应用开发。它包含 USB 调试接口,用于通过 JTAG 接口或省引脚 Spy Bi‐Wire(2 线 JTAG)协议对 MSP430 系统内置器件进行编程和调试。只需使用几个按键即可在数秒钟内擦除闪存并对其进行编程。由于 MSP430 闪存的功耗极低,因此无需外部电源。调试工具可将 MSP430 连接到所包含的集成软件环境,提供的代码可帮助客户立即开始设计工作。MSP‐FET430UIF 开发工具支持使用所有 MSP430 闪存器件进行开发。MSP‐TS430RHA40A 是独立的 40 引脚 ZIF 插座目标板,它用于通过 JTAG 接口或 Spy Bi‐Wire(2 线 JTAG)协议对 MSP430 系统内置器件进行编程和调试。该开发板支持采用 40 引脚 QFN 封装(TI 封装代码:RHA)的所有 MSP430FR5xxx 闪存部件。

图 2.21　MSP‐FET430U40A 工具套件

该套件特点如下:

① USB 调试接口(MSP‐FET430UIF)可将基于闪存的 MSP430 MCU 连接至计算机,以进行实时的系统内编程和调试。

② 在电流为 100 mA 时,软件可配置电压为 1.8~3.6 V。

③ 支持为保护代码而熔断 JTAG 保险丝。

④ 支持具有 JTAG 插头的所有 MSP430 电路板。

⑤ 支持 JTAG 和 Spy‐Bi‐Wire(2 线 JTAG)调试协议。

⑥ 具有 40 引脚 ZIF 插座且适用于 MSP430 衍生产品(采用 40 引脚 QFN(RHA)封装)的开发板(MSP‐TS430RHA40A)包含 LED 指示灯、JTAG 适配器和用于原型设计的插头外引脚。

⑦ 支持使用标准 14 引脚 JTAG 插头(如 MSP‐FET430UIF)的所有调试接口。

2.5 MSP430FR57xx 与其他 FRAM 单片机的比较

2.5.1 与 Ramtron 公司的 VRS51L3174 比较

Ramtron 公司的 VRS51L3174,其供电电压范围 3.1~3.6 V。而 TI FRAM 供电电压范围 2.0~3.6 V。Ramtron 的封装为 QFP-64、PLCC44、QFP44,而 TI FRAM 的封装为 RHA、DA、PW、RGE,可选的封装形式多一些,目前 TI FRAM 可选择的芯片系列从 MSP430FR5720 到 MSP430FR5739,种类繁多。

2.5.2 与 FUJITSU 公司的 FRAM 比较

MB95R203A 是富士通家族 F2MC-8FX 中的 8 位 MCUs。FRAM 可以擦除和反复写入 100 万亿次,数据保持保证在 10 年左右。The MB95R203A MCU 采用 8 KB 的 FRAM,可以被分为 ROM 或者 RAM,可以方便地交互数据和工作存储区。

Fujitsu MB95R203A 工作电压范围 1.8~3.6 V(1.8 V 供电用于家庭医疗保健设备,如血压计和血糖仪)。采用单线的片上调试方式,只需要占用 MCU 一个引脚。内置晶振电路。MB95R203A 有 24-pin DIP 和 20-pin SOP 封装。

2.6 从 TI MSP430 到 TI MSP430FRAM

本节主要讲述 MSP430FR57xx 家族新的特性以及新的模块,介绍 F2xx 系列和 FR57xx 的不同。以 MSP430F2xx 为例,讲述从 MSP430F2xx 移植到 MSP430FR57xx 家族应注意的几点,包括编程以及系统级设计,外围功能移植的考量等。主要是强调了两者的不同之处。这里所介绍的从 MSP430F2xx 移植到铁电微处理器的方法,也可以借鉴到 MSP430F1xx/4xx 家族中。

2.6.1 系统级功能移植的考虑

系统级设计部分主要包括电源管理以及对于非易失性存储器的操作。关于指令集部分,MSP430FR57xx 完全兼容现有的 MSP430 家族。代码移植时主要影响寄存器以及外围特征功能的改变,指令系统和原有的是保持一致的。铁电 FRAM 是非易失性的存储器,其表现类似于静态存储器 SRAM,然而两者有明显的不同之处,FRAM 在掉电时,数据内容依然保存。FR57xx 系列铁电存储器访问速度为 8 MHz,和其他的闪存存储器相比,FRAM 特点如下:

① 易于编程,不需要额外的配置。

② 存储区不是分段形式的,每一个位都可以单独地擦除、写入和寻址。

③ 在写入前,不需要进行擦除操作。

④ 允许低功耗写入(不需要充电泵)。

⑤ FR57xx 系列写入电压范围为 2.0~3.6 V。

⑥ 写入速度大于 8 Mbit/s（Flash 的写入速度约为 14 kbit/s）。

单个 FRAM 单元可以被认为是一个双极性电容，它由介于两电极之间的铁电材料薄膜组成。存储一个"1"或者"0"（写入 FRAM）只需要在电场环境下以一种特定的方向对晶体进行极化。这使得 FRAM 能快速而简单地写入，且能胜任更高的需求。FRAM 读跟写入类似，需要提供一个电场。同时依赖于铁电晶体的状态，来进行极化，之后将这个极化电荷与一个已知的参考做比较，用以评估铁电晶体的实际状态。从这些感应电荷来推断存储的数据位是"1"或者"0"。读取数据的过程中，在具体应用中被极化了的铁电晶体失去了它现有的状态。因此，在每次读的过程中需要通过回写功能恢复寄存器地址的状态。在 MSP430FR57xx 系列中，这是 FRAM 寄存器的特有属性，而且 FRAM 存储器对终端用户完全透明。FRAM 控制器还实现了一种安全的回写功能，使得在系统掉电的情况下，仍然保证读写安全读写代码，确保不丢失。这是由芯片内部的 FRAM 低压差线性稳压器来实现的，同时提供充足的电荷泵来实现当前状态写的操作。在用户来看，对 FRAM 的读/写与 RAM 一样。

由于 FRAM 易于编程，系统使用存储器保护单元来保护 FRAM。它也很容易有错误出现无意地覆盖应用程序代码，就像从 RAM 中执行一样，很容易地修改代码。为了防止这些异常，FRAM 提供了存储器保护 MPU，推荐为代码和数据存储区配置边界，来提高代码的安全性，防止意外地写入和擦除。MPU 允许 FRAM 分割块，基于应用程序的要求，每个块都分配了唯一的权限。例如，如果一个内存块分配为只读状态，任何的写访问都会出错。这对于存储常数和不需要系统升级的应用代码非常有用。

1. 电源管理模块

MSP430F2xx 家族使用单电源供电，因此，单电源给芯片的模拟外设和数字内核供电。MSP430FR57xx 家族和 F2xx 家族保持一致，使用分开的供电方式。外部供电提供给 DVcc 引脚，同时给内部的电压调整器，为 CPU、存储器和数字模块，AVcc，I/O 和模拟部分供电（图 2.22）。但是，不像 F2xx 家族，FR57xx 芯片的内核电压是预编程到特定的内核设置上，不需要用户设置。

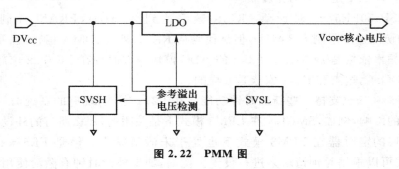

图 2.22　PMM 图

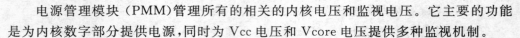

电源管理模块（PMM）管理所有的相关的内核电压和监视电压。它主要的功能是为内核数字部分提供电源,同时为 Vcc 电压和 Vcore 电压提供多种监视机制。

使用分开的供电有很多特别的优势,它允许内核工作在低压下,从而明显地节省功耗。它还确保内核能够工作在稳定的、比较宽的电压范围内。

在电源失效的情况下,电压监视功能是保证电源稳定的一个非常重要的方面。FR57xx 支持 SVS 高边(SVSH)和 SVS 低边(SVSL)两边。SVSH 用于监视外部供电 Vcc ,SVSL 监视内核电压 Vcore。FR57xx PMM 模块的 SVS 功能比 F2xx 家族的 SVS 模块更可靠,在电源失效时,它提供了中断或者复位。在芯片上电时,它将保持芯片复位直到达到 Vcc 的最小电压。

不像 F2xx 家族,SVS 高边在芯片工作模式和所有的低功耗模式下(除了 LPMx.5)是自动使能的,它不能被关闭,主要是因为它控制芯片的上电复位和芯片掉电复位。在上电之后,在活动模式,LPM0 模式下低边监视(SVSL)处于保持状态。为了保存功耗,在 LPM3 和 LPM4 模式下是关闭的,这是一个非常可靠的保护芯片的方式,内核的电压是稳定的,也是可以调整的。因此在芯片工作过程中,监视高边就足够了。

当在调试模式下时,两种系列主要的不同在于 PMM 模块。对于 FR57xx,Vcore 操作在两种模式下,支持低功耗模式的 LPM2/3/4,高性能的活动模式 LPM0/1。当 MSP430FR57xx 芯片在调试模式下时,无论用户应用程序代码设定的操作模式,它都会自动强制 LDO 进入高性能模式。

在电源管理方面,F2xx 与 FR57xx 主要的不同如下:FR57xx 的 PMM 模块 SVS 支持监控轨对轨的电压和内核电压,在电源失效或者芯片复位的时候,可以提供中断响应。大部分应用情况下,PMM 在上电时是处于默认模式。

2. 时钟系统

FR57xx 的时钟系统(CS)与 F2xx 系列基本的时钟系统(BCS)类似,它使用内部数字控制振荡器 (DCO)提供可校准的时钟频率。与 F2xx 系列类似,FR57xx 也提供了多种可选的时钟源。与 F2xx 明显不同的地方是 FR57xx DCO 的配置是出厂校准的频率。表 2.7 是它们的比较表。

当 MSP430FR57xx 时钟源 MCLK 频率达到 24 MHz,FRAM 控制器设定 FRAM 的访问速度限制为 8 MHz,但是代码从 RAM、外设、DMA 运行,以及访问外设的时钟频率依然是 24 MHz。F2xx 的 ADC 模块内部时钟在 FR57xx 家族重新命名为 MODOSC,这点和 F5xx 家族是一样的。

FR57xx CS 也支持一些新的时钟功能。在 F2xx 家族,现有的系统时钟会受低功耗模式的影响,例如,SMCLK 在 LPM3 模式下是关闭的,那么所有的外设,诸如使用 SMCLK 的定时器在 LPM3 模式下也处于未激活状态。但是 FR57xx 芯片的 LPM 模式可以根据时钟请求来进行设置。例如,如果外设时钟有激活使用的请求,此时,无论 LPM 低功耗模式处于什么状态,都是处于开启的。这点可以通过代码执行时候的功耗就可以看到系统的运行情况。注意,这个新特性可以通过 CS0CTL～CS6CTL 寄存器的 CLKREQEN 位来关闭这个功能。

表 2.7 FR57xx 和 F2xx 时钟系统的比较

参　数	FR5739	F2xx
最大　Fsystem	24 MHz	16 MHz
DCO 范围	时钟频率校准	0.06～26 MHz
芯片校准频率	5.33 MHz,6.67 MHz,8 MHz,16 MHz,20 MHz 和 24 MHz	1 MHz,8 MHz,12 MHz 和 16 MHz
寄存器	CS0CTL～CS6CTL	DCOCTL,BCSCTL1,BCSCTL2,BCSCTL3

FR57xx 家族和 F2xx 家族时钟系统的不同点主要如下:DCO 可以配置为 6 个特别的时钟设置,这几个时钟都是经过校准的,当移植代码到 FR57xx 家族后,一定要注意时钟的设置。

3. 操作模式、唤醒和复位

FR57xx 和 F2xx 两个家族操作模式的比较如表 2.8 所列。

表 2.8 操作模式的比较

参数	FR57xx	F2xx
LPM0/1/2/3/4	有	没有
LPM3.5	有,从引脚端口,RTC 中断唤醒	没有
LPM4.5	有,从引脚端口中断唤醒	没有
从 LPM0 模式唤醒	2 μs	2 μs
从 LPM1/2 模式唤醒	20 μs	2 μs
从 LPM3/4 模式唤醒	100 μs	2 μs
从 LPMx.5 和复位模式唤醒	500 μs	没有

低功耗模式 LPM0～LPM4 在 FR57xx 和 F2xx 家族是保持一致的,在 F5xx 家族的两个新的低功耗模式 LPM3.5 和 LPM4.5,在 FR57xx 家族中也具备。在这两种低功耗模式中,Vcore LDO 是处于关闭状态的,它关闭了数字内核、RAM 和外设。为了从 LPM3.5 模式下唤醒,内部自定时的 RTC 中断,或者端口中断可以唤醒,所有其他系统中断不可以唤醒。注意在 FR57xx 家族的 RTC 模块供电来自于 Vcc 电压,即便是当内核电压关闭后依然保持该电压。在 LPM4.5,只有端口中断可以唤醒芯片。一个重要的不同是复位时的表现,在 MSP430 芯片上有多个复位,如 PUC、POR 和 BOR。在 F2xx 家族中,在执行 PUC 时,程序计数器计算机重新初始化定位到复位向量地址。在上电周期(POR),当 tDBOR 时间到达后计算机重新初始化。

在 FR57xx 家族中,PUC 操作和 F2xx 家族类似,例如重新初始化计算机。更高一级的复位,如 POR 或 BOR 后执行启动代码(boot Rom)。Boot 代码设置芯片的功能,装载寄存器必要的功能设置。在 FR57xx 家族,从 POR/BOR 启动的时间可能比 F2xx 家族稍微长一点。FR57xx 能够软件初始化所有的复位(在 F2xx 家族只有 PUC 可能)。这是由 PMM 控制寄存器(PMMCTL0)的 PMMSWPOR 和 PMMSW-BOR 进行设置。

4. 中断向量

对于所有的中断服务程序,FR57xx 使用中断向量(IV),通过中断标志来判断中断源头。例如,在 F2xx 家族,USCI TX 发送中断对应的中断源 RX 和 TX 中断标志,USCI RX 中断源对应所有的中断状态标志。在 FR57xx 家族,使用一个 UCBx-IV 中断向量来捕获所有的中断标志,它允许中断服务程序更有效,当进入中断服务程序时,确保一定的预延迟时间。

5. FRAM 控制器

MSP430 F2xx 家族的闪存控制器被 FR57xx 家族的 FRAM 控制器取代。FRAM 控制器采用 2 级高速缓存的 64 位的行大小。FRAM 的控制器功能是根据当前的计算机位置,预取 4 个指令字。实际执行这些指令是在高速缓存中进行。注意只有 FRAM 访问受限于 8 MHz,当从 SRAM 执行时,系统可使用的时钟达到 24 MHz。因此,缓存主要用于克服 8 MHz 的限制,并增加系统的吞吐量;同时可以减少整体的功耗,确保大多数指令从 SRAM 执行。

FR57xx 家族的缓存器指令不同于 F2xx 家族,F2xx 家族是直接从闪存执行,而不需要缓存或预取指令,可以做到在 MCLK 和指令周期之间的 1 : 1 的关系。对于 MCLK 大于 8 MHz,需要插入等待状态(直接正比于 FRAM 的访问次数),取决于与 MCLK 指令执行的比率。在 MCLK 为 16 MHz 下,一个跳转 JMP $ 指令(单周期)在所有的家族中都是可以执行的。由于 FR57xx 芯片的取指令和在缓存区中存储指令可以在 MCLK 最大的时钟速度下执行。但是,一个循环周期需要至少 4 个周期指令字,而且每次 FRAM 访问,缓存器会更新。与 F2xx 家族比较,FRAM 的时钟 MCLK/2,为 8 MHz,减小了系统的整体吞吐量。

注意:由于缓存机制,系统的速度和功耗会被编译优化选项直接影响。当使用 FR57xx 家族芯片时,确保编译优化选项设置至少比默认的设置高一个等级。因为增加优化等级,可以确保寄存器访问最大化,直接的 FRAM 访问减小,这可以明显改善系统的速度和功耗。

6. SYS 模块

MSP430FR57xx 家族包括 SYS 模块,在复位资源的映射上是非常有用的。在 F2xx 家族中,会通过复位标志如 WDT,闪存 ACCVIFG 等现有的不同寄存器来判断复位的根本原因。而在 FR57xx 中,SYS 的模块复位中断向量寄存器 SYSRSTIV

可以用来访问,以了解系统复位的准确原因。

7. FR57xx 家族的概述

在固件移植过程中,以下几点也很有用:

① FR57xx 芯片在芯片复位的时候,激活了内部的上拉功能,因此不需要额外的复位电阻。

② JTAG 加锁机制可以通过软件设置,不需要像 F2xx 家族一样的高电压机制。JTAG 的加锁密码保存在 FRAM 中。可以通过该密码与专用的工具来访问芯片,这就不需要 BSL 来访问。

③ FR57xx 的 BSL 功能和 F2xx 家族的 UART BSL 是一样的,但是它是存储在受保护的 ROM 中,而不是闪存的 BSL 中。

④ The TLV 架构包括统一的 ID,这个 ID 是在芯片出厂前写入的,用于产品的序列号。

2.6.2　外设功能的移植

FR57xx 家族的外设和现有的 MSP430 外设稍微有些不同,下面对其不同进行阐述。

1. 看门狗定时器

对于 WDT 看门狗定时器,最大的不同在于失效模式的操作。在 F2xx 家族中,WDT 时钟源是来自于晶振的 ACLK 时钟。如果时钟失效,WDT 默认的时钟为 MCLK,当 MCLK 的时钟源也是晶振时,DCO 自动被激活。在 FR57xx 家族中,当 WDT 失效的时候,默认的 VLO 就被 DCO 时钟取代。

2. 数字输入/输出

FR57xx 家族的通用输入输出口有如下特性:

① 所有的 GPIOs 有内部配置的上拉和下拉电阻。

② P3 和 P4 端口也是可中断的,这在 F2xx 家族中只有 P1 和 P2 口是这样的。

③ JTAG 功能是和 PORT J 端口复用的。

3. ADC10_B

FR57xx 中的 ADC10_B 模块设计为低功耗,也提供了一些新的特性,其与以前的 MSP430 系列的不同之处如下:

① ADC 内部参考不是 ADC 模块的一部分。

② 在 F2xx 家族中,使用 DTC 数据传输控制器来自动存储 ADC 转换结果,但是在 FR57xx 家族中使用 DMA 方式。

③ 支持最大 12 个输入通道。

④ 新增窗口比较器允许 ADC 模块在采样值达到特定的采样阀值时,启动中断。

⑤ 中断向量寄存器有 6 个中断标志,其中包括 3 个窗口比较器功能。

⑥ 提供了采样速率控制和时钟分频的功能。

⑦ 在 FR57xx 家族中使用 MODOSC 代替 ADC12OSC。

4. 比较器 COMP_D

与 MSP430 闪存系列相比,比较器 COMP_D 的最大不同如下:

① 比较器 D 模块连接内部的比较器输出到定时捕获口,使得它在做电容触摸来测量充电/放电时间时,不需要额外的器件连接,这点使用起来非常有用。

② 比较器的内部参考是 REF 模块提供的。

③ 内部的电压参考可以连接到比较器的引脚上。

④ RC 滤波延时可以通过软件设置。

5. 增强型的串行通信接口(eUSCI)

eUSCI 内部的状态机和 F2xx 家族的 USCI 模块非常相似,但是也有许多新的特性添加到 eUSCI 模块中,同时和现有的模块相比也有一些改进,大部分的模块仍然是兼容的。表 2.9 列出两者的不同重点阐述。

表 2.9 USCI 和 eUSCI 模块的比较

参　数	F2xx	FR57xx
UART		
增强型波特率发生器	无	有
USART 的 TXEPT 中断	无	有
启始位中断	无	有
中断向量发生器	无	有
SPI		
增强型波特率发生器	无	有
中断向量发生器	无	有
I²C		
预加载发送缓存	无	有
位字节	无	有
多地址从机	无	有
地址位屏蔽	无	有
硬件中断标志清零	无	有
中断向量发生器	无	有

（1）eUSCI_A：UART 和 SPI 模块

① UART。在 eUSCI_A 的 UART 模块和 USCI_A 的功能差不多一样，新增的功能如下：

> 新增的中断为 UCSTTIE 和 UCTXCPTIE。UCTXCPTIE 是发送完成的中断，这不同于 TXIFG，它标示 TX 发送缓存器是空的，由于相应的字节移到移位寄存器中，所以可以重新写入字节。当位被移动到总线上的移位寄存器会产生 TXCPTIE 中断，在接收一个启始位的时候，UCSTTIE 位产生中断。

> 增强的波特率发生器。USCI 的调制位是基于 UCBRSx 寄存器的设置，该寄存器的位是固定的，不能被用户设置更改。eUSCI 模块使用不受限制的调制机制，当配置其为一个特定的波特率时，允许其灵活地自加。此外，推荐的 UCBRSx 设置为常用的波特率在 USCI 中已有介绍，这里不展开。

> 可选择毛刺滤波的长度。干扰抑制是用来在接收端减少假启动的概率。在 USCI 模块中，固定的去毛刺的时间 t(tau)为 150 ns，这个数值可以设置为不同的 4 个数值。

另外，一些寄存器虽然保留原来的名字，但是已经改为 16 位，推荐使用字长度的指令来访问这些寄存器。相关改变的寄存器如下所列。

> eUSCI_Ax 控制寄存器 0（UCAxCTL0）和控制寄存器 1（UCAxCTL1）结合成一个字长度的 eUSCI_Ax 控制字 0（UCAxCTLW0）。

> 在 UCAxCTL1 可设置去毛刺的时序。

> eUSCI_Ax 波特率控制寄存器 0（UCAxBR0）和 eUSCI_Ax 波特率控制寄存器 1（UCAxBR1）结合成一个字长的 eUSCI_Ax 波特率控制字寄存器（UCAxBRW）。

> eUSCI_Ax IrDA 接收控制寄存器（UCAxIRRCTL）和 eUSCI_Ax IrDA 发送控制寄存器（UCAxIRTCTL）结合成一个字长的 eUSCI_Ax IrDA 控制寄存器（UCAxIRCTL）。

> 中断使能寄存器（IE2）和中断标志寄存器（IFG2）被 eUSCI_Bx I2C 中断使能寄存器（UCBxIE）和 eUSCI_Bx I2C 中断标志寄存器（UCBxIFG）取代。

> 所有的模块中断映射到 UCAxIV。

② SPI。eUSCI_A 的 SPI 模块和 USCI_A 的模块比较一致，下面讲述新增的功能。

> 提高位速率。关键的不同是最大的位速率，对于 USCI、MSP430F2272 等最大允许的的位速率大约为 4 Mbit/s，eUSCI 设计支持最大 10 Mbit/s。

> 4 线制 SPI。4 线的 SPI 模式通过 USCI 中的 MODEx 位进行设置。eUSCI 模块中，这个模块有两个用途，它可以防止与其他主机冲突，或者被相应的四线制从机用于产生使能信号，这个功能是由 UCAxCTLW0 寄存器的 UCSTEM 位决定的。

一些寄存器保留原来的名称已更改为 16 位。建议使用字长指令来访问这些寄存器。关键寄存器的变化要点如下：

> UCAxCTL0 和 UCAxCTL1 已经结合成一个字寄存器 UCAxCTLW0；
> UCAxBR0 和 UCAxBR1 已经结合成一个字寄存器 UCAxBRW；UCAx-
> STAT 是一个字长的 eUSCI_Ax 状态寄存器(UCAxSTATW)。

> 中断的改变和 UART 模块类似。

eUCSI_B 中的 SPI 模块和 eUSCI_A 模块是一致的，因此，下面主要讨论 eUSCI 的 I²C 模块转换到 I²C 状态机功能，本段主要讲从 USCI I²C 到 eUSCI I²C 的模块切换代码后，软件需要做的修改事宜。

> 中断标志位的硬件清零。

比较重要的是在移植代码到 eUSCI 后，需要清除 I²C 模块的中断标志位。在 USCI 模块中，特定的中断标志位会通过 I²C 总线上的硬件触发自动清除。相关的中断标志和总线响应清除事件如下所列。

对于主和从模式，从接收端的 NACK 非应答标志清除 UCTXIFG；对于只有主机模式，总线上的起始操作清除 UCNACKIFG；对于只有从机模式，总线上的停止操作清除 UCSTTIFG 标志；对于从机模式，总线上的起始操作清除 UCSTPIFG 中断标志。

在 eUSCI 模块中，无论是在响应中断或者是基于总线的相关事件时，所有上述的标志需要通过用户软件清除。例如，如果将 eUSCI 配置为主机发送，从机的"NACKs"应答在第 N 个字节，一旦到第 $(N+1)$ 个字节上时 UCTXIFG 被置位。在 TX 中断服务程序中，应用程序代码校验 UCNACKIFG 为 1，清除所有的软件中等待的 TXIFGs 标志。另外，当 eUSCI 配置为从机发送器，NACK 的应答不会清除所有等待的 TXIFGs 标志，应用程序代码会清除在 UCSTPIFG 中断服务程序中的 UCTXIFG。例如，在 I²C 停止条件发生后，应用程序会依赖于总线上的 Stop 事件对应的 TXIFG 是否产生，在这种情况下，应用程序代码会使用字节计数器来检测是否有额外的字节装载到 UCTXBUF，然后刷新相应的发送指针。

> 在地址应答周期内的时钟长度设置。

在 USCI 模块中，从机启动发送后，在主机接收端启动 I²C，从机地址在应答周期内设置时钟长度，这个时钟的设置是直到从机发送缓冲器装载第一个字节后完成的。在应用中，主机不支持时钟长度设置，MSP430 从机需要确保最高的优先级设定为 I²C TX 中断（关闭所有其他的中断）来防止时钟变化。在 eUSCI 模块中，地址应答时钟周期的设置可以防止发送缓冲器的重载，可以通过 UCBxSTAT 寄存器的 UCPRELOAD 位来置位实现，允许发送缓存器在启动 I²C 时装载，从而防止在第一个应答周期需要设置时钟长度。

MSP430FRAM 新增的特征和改进的特征如下：

> 多从机地址的访问。

多从机地址是 eUSCI I²C 模块最显著的新特性，eUSCI 模块可以通过用户进行编程配置，它支持 4 个从机地址，同时每个从机地址配置有接收和发送中断标志，每个从机地址是通过相应的使能位来设置的,从机地址的优先级是基于寄存器索引号的,例如 UCBxI2COA0 有最低的优先级。每一个从机地址都有相关的发送和接收中断标志位,ISR 中断服务程序会根据总线相应的从机地址进行响应。在 MSP430 中可能会使用 2 个从机地址,下面举例显示一个用于传感器应用,一个用于 EEP-ROM。注意,在多从机地址中状态寄存器是共享的。

```
UCB0I2COA0 = 0x48                        // EEPROM 地址
UCB0I2COA1 = 0x40                        // 传感器地址
                                         //……. USCI 初始化….
#pragma vector = USCI_B0_VECTOR
__interrupt void USCI_B0_ISR(void)
{
switch(__even_in_range(UCB0IV,30))
{
case 0:break;                            // 向量 0:没有中断
case 2:break;                            // 向量 2:ALIFG
case 4:break;                            // 向量 4:NACKIFG
case 6:break;                            // 向量 6:STTIFG
case 8:                                  // 向量 8:STPIFG
UCB0IFG &= ~UCSTPIFG;                     //校验 RX 字节个数
__bic_SR_register_on_exit(LPM0_bits);
break;
case 10:break;                           // 向量 10:SA3 RX
case 12:break;                           // 向量 12:SA3 TX
case 14:break;                           // 向量 14:SA2 RX
case 16:break;                           // 向量 16:SA2 TX
case 18:                                 // 向量 18:SA1 RX
                                         //将传感器 RX 相关代码放在这儿
Break;
case 20:break;                           // 向量 20:SA1 TX
                                         //将传感器 TX 相关代码放在这儿
Break;
case 22:                                 // 向量 22:SA1 RX
                                         //将 EEPROM RX 相关代码放在这儿
Break;
case 24:break;                           // 向量 24:SA1 TX
                                         //将 EEPROM TX 相关代码放在这儿
Break;
case 26:break;                           // 向量 26:字节计数器
case 28:break;                           // 向量 28:时钟超时
case 30:break;                           // 向量 30:UCBIT9IFG
```

```
default:break;
    }
}
```

➤ 地址位的屏蔽。

地址位屏蔽和软件地址选择,软件上允许 eUSCI 响应 2^{10} 个从地址,使其成为一个强大而灵活的功能,还可以在多主模式下利用此功能。例如,如果 UCB0I2COA 为 100 0000,同时 UCB0ADDMASK 为 0x01(最后一个位是位屏蔽的),然后 eUSCI 模块会自动在地址 100 0000 和 100 0001 上响应 ACK,会自动地转换到总线上的这些地址中的一个上。

➤ 软件可选择响应的字节个数。

在 USCI 模块中,对数据字节的响应是由硬件控制的,在 eUSCI 模块中,根据 ACK/NACK 响应的不同,由 UCBxCTL2 寄存器中的 UCSWACK 位来进行选择。应用中可以通过设置 UCTXACK 位,发送 ACK;或者通过设置 UCTXNACK 位发送 NACK。

请注意,当使用软件的 ACK/NACK 功能时,用户希望即时地设置相应的 ACK/NACK 位,否则时钟位延迟直到位被置位。然而,主机接收端接收到最后的一个字节的 ACK/ NACK 是由不同位控制的,这个位是 UCBxCTL2 寄存器中的 UCSTP-NACK 位。

➤ 时钟为低超时。

使用内部的 MODOSC 可以实现时钟低超时的功能,不需要额外的资源,如使用一个外部的晶体或者定时器等。关于超时可以选择 3 个时间间隔。

eUSCI 模块与系统管理总线 SMBus 协议是兼容的。每个协议的规范,在最大的超时时间间隔 10 ms 过后,芯片会请求时钟超时,eUSCI 内部的定时器来维护内部的时间间隔,并有相关的标志位,UCCLOTIFG 来标识超时事件发生。

由于超时标志是由中断驱动的,与它相关的中断服务程序可以用于应用程序的进一步处理,主机或者从机在检测到超时时会复位 I^2C 模块,释放时钟线。

➤ 字节计数器以及自动停止插入。

在主从模式下硬件字节计数器这一功能非常有用,因为它消除了用软件计数器的必要。当在主模式中使用 eUSCI 时,如果和自动停止功能结合使用时,字节计数器就特别有用。一旦字节计数器计数变为零,自动生成一个 I^2C 停止。请注意字节计数器是总线字节个数的直接反应,而不管字节是否应答或者不应答,如果是发生在总线上,字节个数是递增的。在从模式下,字节计数器在 I^2C 启动和停止(或者重启)之间是处于保持计数字节状态。

➤ 可选择的尖峰脉冲间隔。

在一定的应用中,突然从主、从 I^2C 总线上的设备上拨出,这时在 I^2C 总线可以检测到启动或者停止操作的失效,在 eUSCI 模块中添加滤出毛刺电路,以及软件可配置不同的尖峰时间间隔等方式保护设置。其寄存器和相关的位功能也做了一定的修改等。

2.7　MSP430FRAM 系统设计部分

2.7.1　电源供电

1. MSP430FRAM 系列单片机电源电路的设计

　　MSP430FRAM 系列单片机以先进的工艺制造,通过片内集成的丰富特性实现了非常高的性价比。和其他的高集成度 IC 一样,MSP430FRAM 所采用的技术使其电源电压限制在 5 V 以下。MSP430FRAM 的标称工作电压范围为 2.0～3.6 V。虽然电源电压较低,但 I/O 口仍可承受 5 V 电压。也就是说,虽然 I/O 口不能主动驱动高于电源电压的输出,但可被外部上拉到 5 V。有的工程师使用 TL431 做 3 V 输出电压源,结果由于输出功率不够,经常导致芯片异常死机。如何怎样才能得到一个稳定的电源电路? 下面从 DC/DC buck、DC/DC boost 和 LDO 这 3 种类型器件入手,分别介绍如何实现 2.0～3.6 V 的稳压电路。

　　Sipex DC/DC buck 型稳压器有 SP6651A、SP6655 和 SP6656 多种型号,其中 SP6651A 是一款输出功率较大、静态电流较低、连接简单的器件,其输出电流可达 800 mA,非常适用于使用一个锂电池或 3 节碱/NiCD/NiMH 电池输入的应用。SP6651A 独特的控制环路、20 μA 的轻负载静态电流和 0.3 Ω 开关导通内阻,为其提供了极高的效率。由于输入电池电源是朝着接近输出电压的方向下降的,因此 SP6651A 能顺畅地转移到 100% 占空比的操作,进一步延长电池的使用寿命。SP6651A 利用一个精确的电感器峰值电流限制来防止过载和短路情况出现。它还包含其他的特性:可编程的欠压锁定、低电池电压检测、输出电压可低至 1.0 V、逻辑电平关断控制及过温度保护。SP6651A 应用原理图如图 2.23 所示。

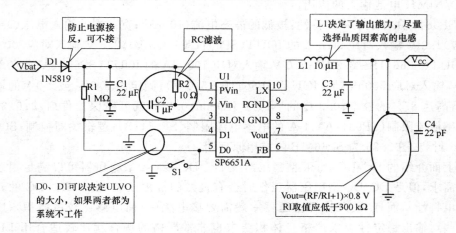

图 2.23　SP6651A 应用原理图

SP6651A 具有以下基本特性:极低的 20 μA 静态电流;转换效率高达 98%;输出电流可达 800 mA;输入电压范围为 2.7~5.5 V;输出电压可调节至 1 V;不需要外部 FET;1.25 A 电感器峰值电流限制。

图 2.24 为 SP6651A 应用原理图,从图中可以看出,SP6651A 在很大的电流输出范围内都保持着很高的转换效率,最可达 98%,这一特性非常适合于低功耗系统,如 MP3、手机及其他便携式仪器。

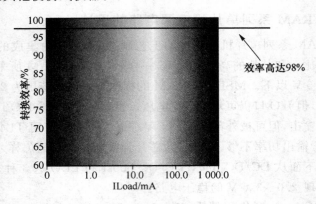

图 2.24 SP6651A 转换效率示意图

DC/DC Buck 型稳压器由于其工作原理,可用于高电压输入低电压输出的场合。但是在有些情况下由于产品的体积限制,只能放一节或两节电池,对于 1.2 V 一节的电池,两节电池串连在一起也才 2.4 V,而大多数低电压单片机需要 3.0 V 以上的电源。怎样才能获得 3.0 V 以上的电源呢?

Sipex DC/DC Boost 型稳压器就非常适合这种应用。常见的升压型稳压器有 SP6641(低成本)及 SP6648(微功耗)等。SP6641 分为 SP6641A(100 mA 电流输出)及 SP6641B(500 mA 电流输出)两种型号,其非常适用于使用一个锂电池或两节碱/NiCD/NiMH 电池输入的应用。

SP6641 具有以下一些特性:极低的静态电流(10 μA);宽范围的输入电压(0.9~4.5 V)1.3 V 输入对应 90 mA 的 IOUT(SP6641A - 3.3 V);2.6 V 输入对应 500 mA 的 IOUT(SP6641B - 3.3 V);2.0 V 输入对应 100 mA 的 IOUT(SP6641A - 5.0 V);3.3 V 输入对应 500 mA 的 IOUT(SP6641B - 5.0 V);固定的 3.3 V 或 5.0 V 的输出电压;高达 87% 的效率;0.3 Ω 的 NFET RDSon;0.9 V 就可确保器件启动;0.33 A 的电感电流限制(SP6641A);1 A 的电感电流限制(SP6641B);逻辑关断控制;SOT - 23 - 5 封装,图 2.25 为 SP6641B 的应用原理图。

上面介绍的 DC/DC Buck 型稳压器及 DC/DC Boost 型稳压器可以满足很多场合的需求,但是 DC/DC 型稳压器工作时会有轻微的输出纹波(由于 DC/DC 的开关充放电特性),而且 DC/DC 型稳压器一般需要接电感(目前电感比较占体积);所以在一些对输出稳定性要求严格且体积要求也非常严格的场合就比较适合用 LDO。下面介绍 SPX1117(800mA 输出)LDO。

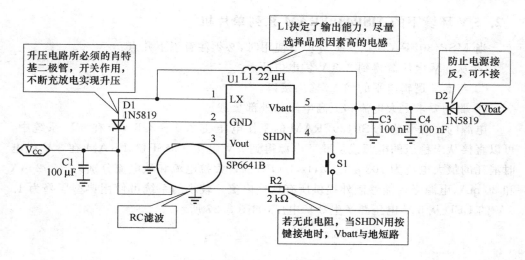

图 2.25　SP6641B 应用原理图

SPX1117 是一款三端正向电压调节器,其可以用在一些高效率,小封装的设计中。这款器件非常适合便携式计算机及电池供电的应用。SPX1117 在满负载时其低压差仅为 1.1 V。当输出电流减少时,静态电流随负载变化,并提高效率。SPX1117 可调节输出,也可选择 1.5 V、1.8 V、2.5 V、2.85 V、3.0 V、3.3 V 及 5 V 的输出电压。

SPX1117 提供多种 3 引脚封装:SOT－223、TO－252、TO－220 及 TO－263。一个 10 μF 的输出电容可有效地保证稳定性,然而在大多数应用中,仅需一个更小的 2.2 μF 电容。以下为 SPX1117 基本特性:0.8 A 稳定输出电流;1 A 稳定峰值电流;3 端可调节(电压可选 1.5 V、1.8 V、2.5 V、2.85 V、3.0 V、3.3 V 及 5 V);低静态电流;0.8 A 时低压差为 1.1 V;0.1%线性调整率/0.2%负载调整率;2.2 μF 陶瓷电容即可保持稳定;过流及温度保护;多封装,有 SOT－223、TO－252、TO－220 及 TO－263(现已提供无铅封装)。

SPX1117 的使用非常简单,如图 2.26 所示,仅需几个电容即可。图 3.8 中的 D1 防止电源接反。

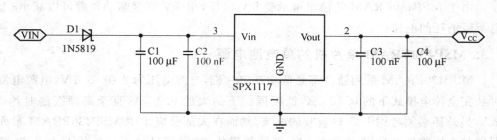

图 2.26　SPX1117 应用原理图

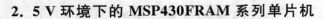

2. 5 V 环境下的 MSP430FRAM 系列单片机

当 MSP430FRAM 在 5 V 环境下使用时,必须注意以下几点:

① 从 5 V 电压源得到 3.3 V 供电电压。

② 与 5 V 逻辑电平的输入/输出接口。

③ 驱动要求更大电流和更高电压的外部负载。

电源的注意事项:MSP430FRAM 的工作电压在 2.0～3.6 V。在 5 V 系统中,可以直接从未稳压的电源或从 5 V 电源得到 3 V 电压。MSP430FRAM 在 3 V 供电时消耗的最大电流为 103 μA/ MHz,I/O 口的最大拉电流和灌电流分别为 -3.2 mA 和 20 mA,电源必须能够额外提供所有这些电流。较小的系统可使用典型压降为 1.8 V 的 LED 从 5 V 电压源产生 3 V 电压,如图 2.27 所示。

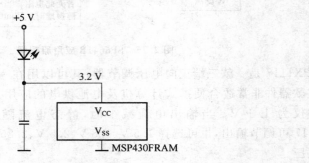

图 2.27 从 5 V 电压源产生 3 V 电压

较大的系统则需要一个 LDO(低压差稳压器),例如 TI 的 TPS 系列的 LED 方案的优点是它不吸收任何额外的电流,这一点对于掉电模式下的单片机来说尤为重要。使用 DC/DC 稳压器时要实现这一点,则必须选择带使能输入的型号。对于 1.8～5.5 V 输入范围来讲,要驱动输出 3.3 V,800 mA 的能力可以选择 TPS63001,500 mA 的能力可以选择 63031,该 LDO 的效率可以达到 94%,静态电流极其小,小于 50 μA。对于 4.5～17 V 输入范围电压来讲,要驱动输出 3.3 V,1 500 mA 的电流能力,可以选择 TPS62111。

由于 MSP430FRAM 的输出可承受 5 V 电压,用 5 V 直接驱动负载可以减小 3 V 电源所消耗的电流。

3. MSP430FRAM 单片机的单电池电源

MSP430FRAM 系列器件都是低功耗单片机,电源电压为 2.0～3.6 V,电源电流可从完全掉电模式下的 0.32 μA,低频振荡下的大约 6.4 μA,直至高频振荡时约 1 mA,另外还必须考虑 I/O 口吸收的电流,然而在大部分应用中 MSP430FRAM 系列器件与手持式设备类似,通常工作在低功耗模式,这样就可降低器件的平均电流,若利用电池对器件供电,电池的使用寿命可达几个月。

为了降低产品设计的功耗,使 MSP430FRAM 单片机可像手持式设备那样,仅用一节电池作为电源对芯片进行供电,本书描述了一种简便低成本的方案,利用一个电容升压 DC/DC 转换器将一节电池的电压(1.2~1.5 V)转换成 MSP430FRAM 系列器件所需的电源电压。

使用 TI 公司的 2 输入 NAND 施密特触发器 74L V132 来产生电源电压。74LV132 可执行宽范围的电压操作(1.0~5.5 V),经优化可得到一个低电压范围(1.0~3.6 V),此范围恰好适合一节电池工作。利用一个施密特触发器 NAND 门一个电阻和一个电容来构造一个多谐振荡器/振荡器电路,如图 2.28 所示倍压器电路。

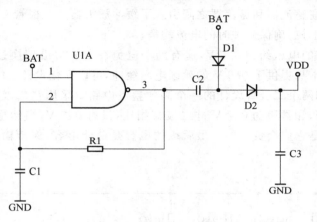

图 2.28　倍压器

U1A 输出的方波连接到一个倍压器上,包含 D1、D2 和 C2,电压从电容 C3 上输出。该电路原则上可将电压升高。再另外利用一个反相器还可构成一个 Dickson 电荷泵,如三倍压放大电路,如图 2.29 所示。

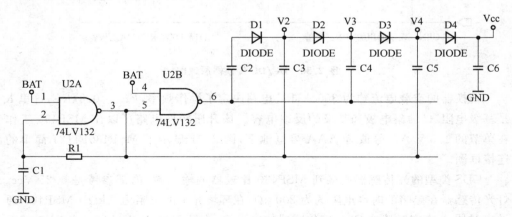

图 2.29　Dickson 电荷泵

输出电压约为 $V_{DD} = N \cdot (V_{batt} - V_{diode})/2$,其中 N 为二极管的个数,V_{bat} 为电池电压,V_{diode} 为二极管的管压降。为了得到最佳效率,建议使用低压降的二极管,如肖特基二极管。它在 10 mA 时指定的最大压降为 320 mV。这样利用三倍电压放大电路就可以产生一个 3 V 的 V_{DD}。若利用四倍电压放大电路还可得到一个更高的 V_{DD},但这时单片机就必须使用一些保护电路来防止电压超过其最大额定值的限制。

另外介绍一个简单的升压转换电路,从 AA 号 1.5 V 电池取电为 MSP430 供电,设计寿命是 1 000 h。

图 2.30 展示了 DC/DC 转换器完整的原理设计图,三极管 Q1 和 Q2 形成非稳态的多谐振荡器防波,只要是双极三极管,电流放大倍数在 100 倍的都可以用于 Q1 到 Q4 中。方波振荡器在 0.8 V 稳定,为了避免整流器部分振荡,同时能够提供足够的电流驱动负载,在整流器和振荡器之间引入了缓冲放大器。三极管 Q3 和 Q4 类似于缓冲器,配置为上拉,确保开关时的电流均衡。

有一个交叉的电压约为 0.6 V,这有助于避免在方波边沿切换过程中的高脉冲电流,这个交叉本身提供了 0.6 V 的死区电压缓冲,可以简化设计。缓冲器的输出是通过两个电容和两个二极管设计的一个高效整流电路。采用锗二极管,因为它们有一个较低的压降,和常用的 0.7 V 硅二极管相比,只有 0.3 V,当然也可以用肖特基二极管代替,但是它们会贵一些。最后级的电容是储能电容,保持输出电压在 3.0 V 直流。

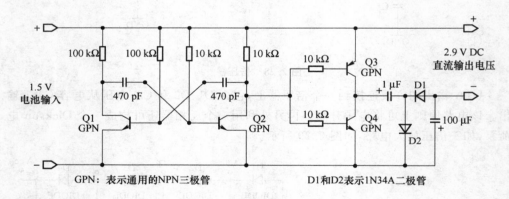

图 2.30 DC/DC 转换器原理图

转换器的空载电流约为 300 A,RC 电路决定了操作频率,$F_{osc} = 0.8/RC$,这里 R 是基级电阻,C 为集电极和基极的反馈电容。该升压转换电路可以让 MSP430 工作在单节的 1.5 V AA 号或者 AAA 号电池下,图 2.31 显示了 MSP430F1121 简单的连接框图。

CDS 类型的光传感器连接到 MSP430 比较器的输入端,内部参考是 0.25 Vcc。灯光传感器在黑暗的时候电阻约为 200 kΩ,在环境光下的电阻为 5 kΩ。MSP430 通过定时器 A 来定时读取 CDS 灯传感器的电阻值,为了简化,这里通过一个 1 kΩ 的电阻和 470 nF 的电容对 CDS 进行充电和放电。放电时间是由定时器 A 和捕获比较器获得的,16 位的捕获数值存储在 R14 寄存器中,这个寄存器用来设置 LED 闪烁的延迟时间,在环境光下会闪烁快一些,当光强变弱时闪烁会变慢。

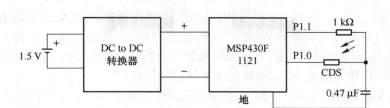

图 2.31　MSP430 在 1.5 V 电池下工作

使用典型的 0.5 Ah 容量电池,测试数据列在表 2.10 中,设计中 MSP430 不睡眠,定时器 A 保持运行,端口保持激活状态,比较器功能打开,电池可以运行接近 1 000 h。

表 2.10　系统操作参数

电　压	电　流	晶　振	负载电流	输出电压
1.5 V	300 μA	17 kHz	0	2.9 V
1.5 V	2 mA	17 kHz	1.6 mA,MSP430 连接 LED,LED 常亮	2.3 V
1.2 V	1 mA	16 kHz	0.6 mA,MPS 430 连接 LED,LED 闪烁	1.8 V
1.5 V	500 μA	17 kHz	MSP 430 运行,不连接 LED	2.8 V

2.7.2　复位电路的可靠性设计

MSP430 的复位信号可以参考表 2.11 所示的中断复位向量表。这些中断向量和上电启始地址在存储器地址 0FFFh 到 0FF80h 单元。

上电复位信号只在 2 种情况下发生:①微处理上电;②RST/NMI 管脚上产生低电平时系统复位。溢出信号产生的条件:①上电复位信号产生;②看门狗有效时,看门狗定时器溢出;③写看门狗定时器安全键值出现错误;④写 Flash 存储器安全键值出现错误。

表 2.11　中断向量表(中断源/中断标志/向量)

中断源	中断标志位	系统中断	字地址	优先级
系统复位	SVSLIFG,SVSHIFG			
上电、溢出、电源监视、外部复位	PMMRSTIFG			
看门狗复位	WDTIFG			
密码侵入	DBDIFG			
FRAM 位错误检测	MPUSEGIFG,MPUSEG1IFG,	复位	0FFFEh	63,最高
	MPUSEG3IFG			
MPU 段错误	MPUSEG2IFG			
软件 POR/BOR	PMMPORIFG,PMMBORIFG			

系统复位(指 POR)后的状态为:①RST/NMI 管脚功能被设置为复位功能;②所有 I/O 管脚被设置为输入;③外围模块被初始化,其寄存器值为相关手册上的默认值;④状态寄存器 SR 复位;⑤看门狗激活,进入工作模式;⑥程序计数器计算机载入 0xFFFE 处的地址,单片机从此地址开始执行程序。

典型的复位电路有以下 3 种:①在 RST/NMI 管脚上接 100 kΩ 的上拉电阻。②在①的基础上再接 0.1 μF 的电容,电容的一端接地,可以使复位更加可靠。③在②的基础上,再在电阻上并接一个型号为 IN4008 的二极管,可以可靠地实现系统断电后立即上电。

由于 MSP430FRAM 系列单片机的电源电压为 2.0~3.6 V,并非常规的 5 V 供电系统,我们常见的单片机几乎都是使用 5 V 的供电方式,其单片机的复位电路门槛电压是 1.2 V,而使用 3 V 供电的单片机的复位门槛电压是 0.4 V,因此必须根据 MSP430FRAM 系列单片机的电气特性来进行复位电路的可靠性设计。

1. 有后备电池的系统

对于有后备电池的系统,平时一般均在低功耗状态下,即没有系统上下电的情况,可以使用内部上电复位,或者外部电源监控芯片复位,或者外部 RC 复位等。当用户所设计的系统为 5 V/3 V 系统时,为了保证复位的统一,复位监控电源以 5 V 为基准。使用内部复位时,必须在复位引脚接一上拉电阻(如 5~10 kΩ),才能保证芯片上电复位更可靠,如图 2.32 所示。

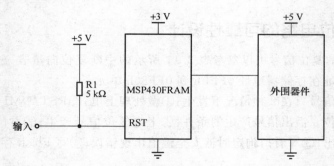

图 2.32 5 V/3 V 系统中,内部复位应用示意图

使用外部复位时,请使用电源监控芯片,如 TI 半导体公司生产的 TLV809,如图 2.33 所示。

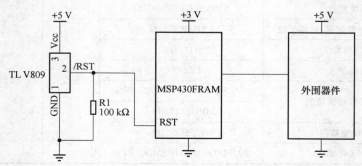

图 2.33 5 V/3 V 系统中,外部复位应用示意图

在纯 3 V 系统中,使用内部上电复位时,必须在复位引脚接一上拉电阻(如 5～
10 kΩ),如图 2.34 所示。

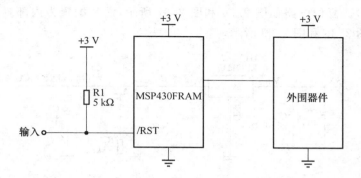

图 2.34　纯 3 V 系统中,内部复位应用示意图

纯 3 V 系统中,使用外部复位时,请使用电源监控芯片,如 TI 半导体公司生产的
TLV809 等,如图 2.35 所示。

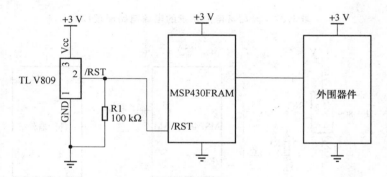

图 2.35　纯 3 V 系统中,外部复位应用示意图

2. 无后备电池的系统

对于无后备电池的系统的复位电路设计,建议使用 TI 的外部电源监控芯片
REG1117,并且在电源电路的输出端上并接一个 2～3 kΩ 的电阻。

另外,电源部分电路还可以设计如图 2.36 所示,使用 TLV809 的/RST 输出控
制 MSP430FRAM 的供电电源,TLV809 连接＋5 V 或＋3 V 电源。

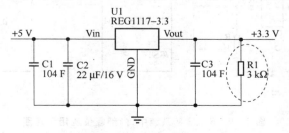

图 2.36　无后备电池系统的电源电路原理(1)

在系统上电过程中,当电源电压上升到 TLV809 的门槛电压时,TLV809 输出高电平 Q2,晶体管导通 Q1 晶体管导通,MSP430FRAM 获得电源(应用于有慢上电情况的系统)。复位电路如图 2.36 和图 2.37 所示,芯片配置为内部复位,内部 RC 振荡器,如图 2.38 和图 2.39 所示。

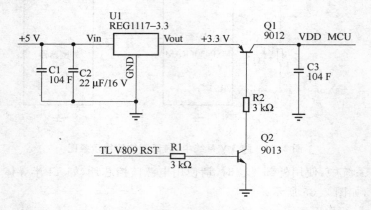

图 2.37　无后备电池系统的电源电路原理(2)

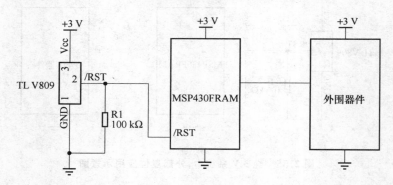

图 2.38　纯 3 V 系统中,内部复位应用示意图

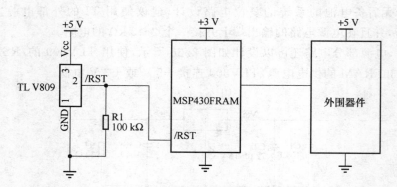

图 2.39　5 V/3 V 系统中,内部复位应用示意图

2.7.3　MSP430FRAM 系列单片机外部晶振电路的设计

由于 MSP430FRAM 系列单片机的电源电压为 2.0～3.6 V,并非常规的 5 V 供电系统,常见的单片机几乎都是使用 5 V 的供电方式,其单片机的复位电路门槛电压是 1.2 V,而使用 3 V 供电的单片机的复位门槛电压是 0.4 V,因此我们必须根据 MSP430FRAM 系列单片机的电气特性来进行复位电路的可靠性设计。

MSP430FRAM 系列器件的高频晶振由一个反相线性传导放大器(transconductance amplifier)组成,放大器可以放大 4～12 MHz 的信号。放大器的反馈电阻从输入端连接到输出端。本书主要描述如何通过增加一个外部偏置电阻使 MSP430FRAM 系列器件的高频振荡器起振。偏置外部晶振可以实现更稳定的起振。本节主要关注 MSP430FRAM 系列器件高频振荡器的特性,如 MSP430FRAM 系列器件高频晶振的 DC 特性和高频振荡器的开路偏压点,还给出了一个等式,当一个旁路电容的值固定时可用来计算要求的最小 g_m 值。

反相器输入和输出之间的反馈电阻通常为 1.3～1.5 MΩ。反馈电阻如图 2.41 所示。通过测试一组器件可得到缓冲器的 DC 传输特性。图 2.40 所示为 LPC900 系列高频振荡器的典型 DC 传输特性。图 2.40 中的 2 条水平线是缓冲器开路时的输出电压范围。图 2.41 表明 DC 工作点并不在线性工作区域的中心,而是位于增益稍微小一些的线性工作区底部。

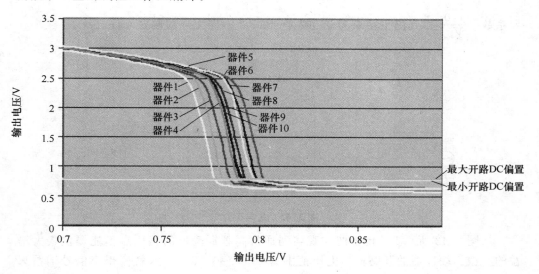

图 2.40　晶体反相器的 DC 特性

对一组器件做另一个测试来得出小信号的输出阻抗。测试方法:AC 在输出上加载一个信号,然后再测量输出电压和输入电压之比。图 2.41 所示为用来测试输出阻抗的电路,也可利用图中的等式通过输出电压和输入电压将输出阻抗计算出来。

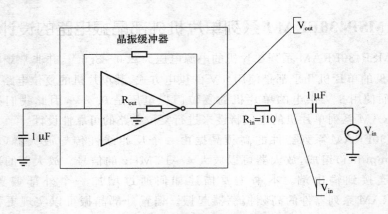

图 2.41　小信号输出阻抗测试电路

由输出阻抗 $= \dfrac{R_{\text{in}} \cdot \dfrac{V_{\text{out}}}{V_{\text{in}}}}{1 - \dfrac{V_{\text{out}}}{V_{\text{in}}}}$，可得出 MSP430 系列高频晶振的小信号输出阻抗范围

为 2～5 kΩ。小信号传导的测试方法：AC 在输出端连接一个固定的负载，再测量输出电流和输入电流之比。图 2.42 所示为测试传导的电路，也可利用图中的等式通过输出电压和输入电压将传导计算出来。当偏置为"开路"配置时，由传导测试公式传

导系数 $= \dfrac{\dfrac{V_{\text{out}}}{110}}{V_{\text{in}}}$，得到测量结果为 0.002 2～0.002 9，即无外部偏置元件。

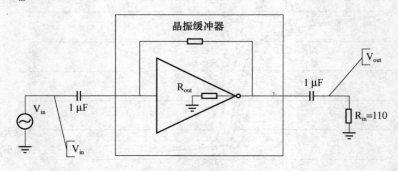

图 2.42　传导测试

从图 2.43 所示 DC 传输曲线观察到通常高频振荡器的偏压点不能提供最大增益的起振。缓冲器的开路输出电压范围为 0.77～0.79 V。这就使得小信号增益只出现在图中 1 V 以下的器件中所示的器件中。通过在晶振缓冲器的输入端和地之间添加一个 1 MΩ 的电阻来改变 DC 工作点。这个电阻是个外部器件，在图 2.44 中用 Rbias 表示。增加电阻后，缓冲器的 DC 工作点移至缓冲器线性工作区的中心位置。将晶振偏置到最大增益区可使振荡器的起振更加稳定。

振荡器要求的最小传导可由等式(1)和(2)计算得出。

晶体反相器DC传输特性

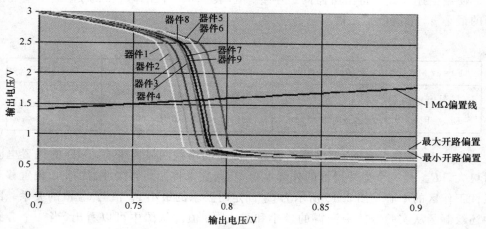

图 2.43　测得的反相器 DC 传输特性（含 1 MΩ 的偏置线）

$$g_m \geqslant R_S \cdot \frac{\omega_O^2 C_O^2 (C_1 + C_2)^2}{C_1 C_2} + \frac{1}{R_P} - \frac{(C_1 + C_2)^2}{C_1 C_2} + \frac{1}{R_0} - \frac{C_1}{C_2} \tag{1}$$

如果 $C_1 = C_2$，等式简化成

$$g_m \geqslant 4 \cdot R_S \cdot \omega_O^2 C_O^2 + \frac{4}{R_P} + \frac{1}{R_0} \tag{2}$$

等式（1）和（2）是无偏置电阻时的最小传导系数。但是，当在输入端到地之间增加一个偏置电阻后传导系数将增大。带偏置电阻的最小传导系数计算见等式（3）和（4）。

$$g_m \geqslant R_S \cdot \frac{\omega_O^2 C_O^2 (C_1 + C_2)^2}{C_1 C_2} + \frac{1}{R_P} \frac{(C_1 + C_2)^2}{C_1 C_2} + \frac{1}{R_0} \frac{C_1}{C_2} + \frac{1}{R_{bias}} \frac{C_2}{C_1} \tag{3}$$

如果 $C_1 = C_2$，等式简化成

$$g_m \geqslant 4 \cdot R_S \cdot \omega_O^2 C_O^2 + \frac{4}{R_P} + \frac{1}{R_0} + \frac{1}{R_{bias}} \tag{4}$$

等式（3）和（4）是带偏置电阻的最小传导系数。

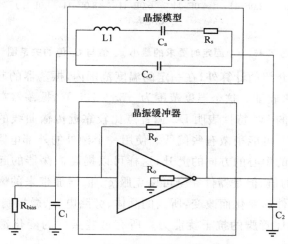

图 2.44　振荡器电路

使用上述等式可得出所需的最小 g_m 值,表 2.12 对计算所得的 g_m 最小值和测得的最小 g_m 值进行了比较。

表 2.12　g_m 计算

F0＝12 MHz	R_S＝3 kΩ	R_P＝1.3 MΩ	C_O＝15 pF
无 R_{bias}	$g_m ≥ 0.000\ 387$	测得的 g_m 最小值为 0.002 2	
R_{bias}＝1 MΩ	$g_m ≥ 0.000\ 388$	测得的 g_m 最小值为 0.003 1	

表 2.12 的数据表明,振荡器无偏置电阻时的增益明显比带有 1MΩ 的偏置电阻时更大。R_{bias} 是一个另外增加的外部电阻,利用它来将振荡器缓冲器的 DC 偏置移至线性工作区的中心。图 2.45 所示为 C_2 固定时要求的最小 g_m 值与 C_1 值的关系。图中还绘制了从实验器件中测得的最小和最大 g_m 值。从图中可以看出,当一个旁路电容的值在 65～85 pF 时器件应当停振。测试电路在 C_1 为 80 pF 时振荡器停振。这是保证测得的 g_m 在正确范围内的另一种验证方法。要求的传导系数与输入旁路电容的关系图(输出旁路电容 C_2 固定为 12 pF)。

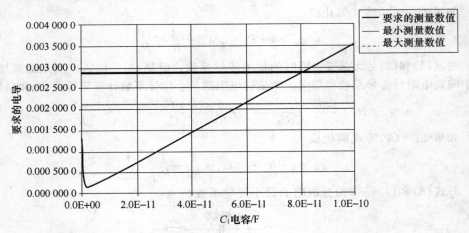

图 2.45　C_2 固定时要求的最小 g_m 值与 C_1 值的关系图

除了本文前面介绍的计算外,在一定的温度范围内,振荡器的起振也可通过外部 1 MΩ 的偏置电阻来验证。这个温度范围为 −55～125 ℃,振荡器在整个温度范围内都可起振。振荡器的 DC 特性表明 DC 偏置点比较靠近传输曲线的下方。这就意味着振荡器的起振增益可能稍微有些偏低。使用一个额外的外部电阻来使偏置点朝着反相器线性工作区的中心的方向的上升,这样可以提高振荡器的起振增益。偏置电阻会稍微增加 g_m 的值,但是器件完全可以克服 g_m 值增加带来的影响。每个晶体电路主要跟随以下条件的变化而改变:所选的晶体、旁路电容、微控制器的振荡器特性、PCB 板的电容和晶体管脚的抗干扰能力。所有这些条件的变化都会影响应用中的晶振起振,因此要小心限制应用中的晶体起振。

2.7.4　低功耗设计

许多应用都对功率有严格的要求,此处将介绍几种无需降低性能就可减小功耗的方法。在描述系统的电源要求前,必须先计算出预计要使用的功率。MSP430FRAM 外设可通过设置寄存器中的相关位进入低功耗模式。这些低功耗模式的使用完全取决于具体的应用。本文描述 MSP430FRAM 系列不同的功率管理方法适用于所有的 MSP430FRAM 通用器件。

CMOS 数字逻辑器件的功耗受到供电电压和时钟频率的影响。总的电流消耗量直接与电源电压成比例。功耗取决于有效外设的数目以及振荡器和 CPU 是否工作。MSP430FRAM 的最大运行时钟为 24 MHz(MCLK)。MSP430FRAM 支持 4 种不同的节电模式,包括空闲模式、掉电模式、完全掉电模式及实时时钟模式。下面将逐一进行论述。在活动模式下,所有的系统时钟激活,FRAM 程序运行下对应的典型功耗是 $103\ \mu A/3\ V$,RAM 程序运行对应的典型功耗是 $60\ \mu A/3\ V$。

首先介绍系统的低功耗的几个重要因素,如表 2.13 所列。

表 2.13　低功耗的重要因素

低功耗因素	描　述
电源电压	MPS430 系列单片机的电压范围为 2.0～3.6 V,其功耗随着电压递增
晶振频率	MPS430 系列单片机的内部功耗,随着晶振频率递增
功能模块的使用	使用的功能模块越少,功耗越低
I/O 口的设置	I/O 可设置成正确的模式,可以有效地降低功耗
外部电路的设置	使部电路尽量避免使用一些高功耗的器件

MSP430FRAM 系列单片机具有实时时钟、多个定时器、I^2C、SPI、UART 等模块,可实现芯片的普通掉电及完全掉电功能。MSP430FRAM 系列单片机的功率管理在空闲模式(LPM3)中,器件内核停止工作,外设实时时钟、看门狗、系统监视器、系统状态保持下的功耗是 $6.4\ \mu A/3\ V$。在低功耗时钟 VLO 下,通用定时器、看门狗、所有系统状态保持的功耗是 $6.4\ \mu A/3\ V$。任何使能的中断源或复位都将终止空闲模式。

在掉电模式(LPM4)中,振荡器停振以将功耗降到最低,只有系统处于保持模式,此时的功耗是 $5.9\ \mu A/3\ V$。MSP430FRAM 可通过以下方式退出掉电模式:任意的复位或特定的中断(外部管脚 INT0/INT1、掉电中断、键盘中断、实时时钟,即系统定时器、看门狗和比较器)。在实时时钟模式(LPM3.5)中,典型的功耗值是 $1.5\ \mu A/3\ V$。

在完全掉电模式(LPM4.5)中,CPU 和振荡器都停止工作,典型的功耗值是 $0.32\ \mu A/3\ V$。只有系统定时器/RTC 和 WDT 仍能运行(如果使能)。下面是该模式支持的唤醒选项:看门狗定时器(能产生中断或复位)、外部中断 INT0/INT1、键盘中断和实时时钟/系统定时器。

2.7.5　与 5 V 控制系统的接口设计

　　MSP430 使用 3 V 电源,3 V 电源有利于电池供电,因此也具有低功耗的特点,是目前一种发展的趋势。在 3 V 系统中,与 MSP430 接口的电动机控制芯片,如果也都采用 3 V 供电的芯片,那是最理想的。但是,在 5 V 芯片占据大部分市场的情况下,更多的时候是考虑与 5 V 芯片共存的系统。下面介绍如何在 5 V 共存系统下使用 MSP430。

　　在一个 5 V 系统中使用 3 V 器件时必须考虑两个问题,怎样用一个 5 V 器件驱动一个 3 V 输入? 怎样用一个 3 V 器件驱动一个 5 V 输入?

1. 用 5 V 输出驱动 3 V 输入

　　将一个 5 V 驱动器接到一个标准的 3 V 输入时,由于有电流流过端口电路,可能导致器件损坏或者减少寿命。MSP430 芯片采用耐 5 V 输入的结构,因此可以将 5 V 器件直接连接到 MSP430 的数字输入引脚,而不会损坏器件。

2. 用 3 V 输出驱动 5 V 输入

　　虽然 MSP430 器件的数字输入和 5 V 是兼容的,但是输出的高电平却为 2.7～3.6 V。如果 MSP430 驱动 5 V CMOS 器件,由于 3.3 V 和 5 V CMOS 电平转换标准是一样的,因此不需要额外的器件就可以将两者直接相连接。不需要额外的电路直接从 MSP430 驱动 5 V 的器件。3.3 V 器件的 VOH 和 VOL 电平分别是 2.4 V 和 0.4 V,5 V CMOS 器件的 VIH 和 VIL 电平分别是 2 V 和 0.8 V。而 MSP430 能输出 3 V 摆幅的电平,显然 5 V CMOS 器件能够识别 MSP430 的输入电平。

　　对于 MSP430 驱动 5 V TTL 电平,3.3 V 和 5 V TTL 电平的转换标准是不一样的,3.3 V 输出的高电压的最低电压值 VOH＝2.4 V(输出的最高电压可以达到 3.3 V),而 5 V TTL 器件要求的最低电压是 VIH＝3.5 V,因此 MSP430 的输出不能直接与 5 V TTL 器件相连。这个时候需要经过电平转换,例如使用 TI 公司的 SN74ALVC164245、SN74ALVC4245 等。比较廉价的方式是使用一个电阻分压电路。

　　利用电阻分压是最简单的办法,其原理图如图 2.46 所示。故有如下推导公式

$$V_{out} = V_{CC} \times \frac{R'_2}{R_1 + R'_2} \approx V_{CC} \times \frac{R_2}{R_1 + R_2}$$

$$= 5 \times \frac{2}{3} \approx 3.33(V)$$

　　显然 $R'_2 < R_2$,所以实际的输出电压要小于 3.33 V,并且输出电压会随着负载的变化而有一些波动,这种电路功耗也较大,故而这种方案只能是一种应急措施,不适合于低功耗和对电源要求高的设计。

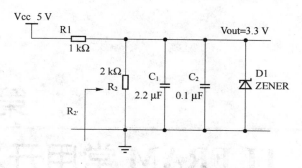

图 2.46 分压法实现 5 V 到 3.3 V 的转换电路

3. 上拉电阻的选择

还有一种方法是使用上拉电阻。当 MSP430 端口引脚输出逻辑 0 时，输出电压接近地电平。在该状态下，电流将通过上拉电阻和端口驱动器流入地。为了减小功耗，设计用一个大电阻使电流最小。当端口引脚输出逻辑 1 时，断口通过一个上拉电阻被拉高为高电平。因此信号的上升时间可能很长，上升时间由上拉电阻值和寄生电容值决定，其中寄生电容包括连接电容和输入电容，通过上拉电阻给寄生电容充电的时间常数为寄生电容与上拉电阻的乘积，则有：$V(t)=5\times(1-e^{\frac{-t}{RC}})$，在时序并不重要的应用中（例如按键或者片选信号），充电时间的影响并不大，但是在有些场合（如同步串行通信），时序则显得很重要，这时必须考虑充电时间，这就要限制上拉电阻的最大值。上拉电阻的阻值越大，对寄生电容的充电时间就越长，因此端口引脚电压上升到规定的高电平所需的时间就越长。如果时间常数大于该引脚所传输的脉冲信号周期，就可能使 5 V 器件永远也接受不到足够高的电压来实现逻辑 1。因此选择的上拉电阻数值必须足够小，但考虑到保证在逻辑 0 状态时上拉电阻不消耗过多的功率，这样上拉电阻必须有一个最佳数值。上拉电阻 R 的数值可以通过下面的公式计算。

$$R=\frac{T}{C\cdot\ln\left(\dfrac{5}{5-V_{in}}\right)}$$

其中，V_{in} 表示 5 V 器件输入逻辑 1 电压；T 表示达到逻辑 1 的最大上升时间。输出电压的下降时间（从 1 到 0）也有一个小的延时，但该时间与上升时间相比很小，可以忽略。下面是计算上拉电阻 R 的一个例子。

例：使用 MSP430 输出一个频率为 400 kHz 的信号，一个 5 V 的器件使用该信号作为输入，寄生电容为 10 pF，5 V 器件的逻辑高电平 V_{in} 为 0.8 Vdd，要满足电压上升时间在信号周期的 5% 时间内，上拉电阻 R 应该为多少，功耗是多少？

首先算出上升时间 $T=5\%\cdot1/f=5\%\cdot1/(400\ 000\ Hz)=125\ ns$，$R=125\ ns/(10\ pF\times\ln(5\ V/(5\ V-4\ V)))=7.77\ k\Omega$，电源电压为 5 V，流经 7.77 kΩ 的电阻的电流为 $I=V/7.77\ k\Omega=0.64\ mA$，功耗为 $W=UI=5\ V\cdot0.64\ mA=3.2\ mW$。

## 第3章

TI FRAM 常用开发工具

3.1 TI FRAM 硬件调试工具

3.1.1 TI MSP430 调试工具

本章的内容,硬件主要以 TI 官方提供的 MSP - EXP430FR5739 实验板为主,如果单独对 FRAM 芯片进行烧写,可以使用 MSP - TS430RHA40A。嵌入式铁电 FRAM 的实验板如图 3.1 所示。

针对 MSP430 编程器仿真器,下面特别介绍一下 JTAG、SBW 和 BSL 接口的区别。对于 51 系统来说,很容易理解编程器和仿真器。通俗地说,仿真器是用来调试仿真的,编程器是用来批量生产时对 MCU 进行烧写目标代码的。对于 MSP430 来说,无论仿真还是烧写程序一般可以通过 JTAG、SBW 和 BSL 接口进行。JTAG 和 SBW 接口可以用于仿真接口,BSL 接口不能用于仿真。而编程器则 3 种接口都支持。所以并不能说 JTAG 只支持仿真不支持编程,这是概念错误,JTAG 仅仅是一种接口协议而已。下面简单描述一下 3 种接口的区别。

① JTAG 是边界扫描技术,其在 430 内部有逻辑接口给 JTAG 使用,内部有若干个寄存器连接到了 430 的内部数据地址总线上,因此可以用 JTAG 访问 430 内部的所有资源,包括对 Flash 的读/写操作,所以可以用于对 MSP430 的仿真及编程,主要连接线有 TMS、TCK、TDI、TDO、RST 和 TEST。

② SBW 是 SPY - BI - WIRE,可以简称两线制 JTAG,主要用 SBWTCK(连接到 JTAG 仿真器的 7 脚 TCK)与 SBWTDIO(连接到 JTAG 仿真器的 1 脚 TDO/TDI),该接口主要用于小于 28 脚的 2 系列的 430 单片机,因为 28 脚以内的 2 系列单片机的 JTAG 接口一般与 I/O 口复用,为了给用户预留更多的 I/O 口,才推出了 SBW 接口。同样 SBW 接口可以用于仿真器及编程器。

③ BSL 是 TI 在 MSP430 出厂时预先固化到 MCU 内部的一段代码,有点类似

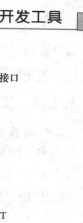

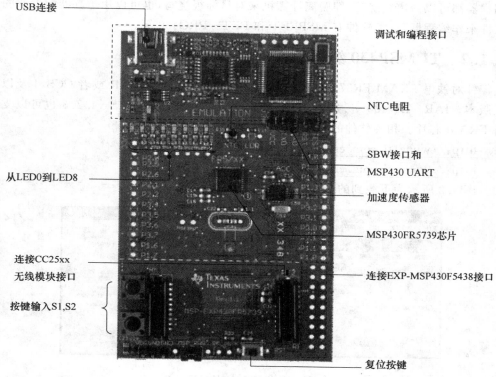

USB连接

调试和编程接口

NTC电阻

SBW接口和
MSP430 UART

从LED0到LED8

加速度传感器

MSP430FR5739芯片

连接CC25xx
无线模块接口

连接EXP-MSP430F5438接口

按键输入S1,S2

复位按键

图 3.1　嵌入式铁电 FRAM 的实验板

于 DSP 的 bootloader,但又与 bootloader 有明显的区别,BSL 只能用于对 MCU 内部的 Flash 访问,不能对其他的资源访问,所以只能用作编程器接口。BSL 通过 UART 协议与编程器连接通信。编程器可以发送不同的通信命令来对 MCU 的存储器做不同的操作。BSL 的启动有些特殊,一般 430 复位启动时 PC 指针指向 FFFE 复位向量,但可以通过特殊的启动方式可以使 MCU 在启动时让 PC 指向 BSL 内部固化的程序。启动方式一般是由 RST 引脚与 TEST(或 TCK)引脚做一个稍复杂的启动逻辑后产生。BSL 启动后,就可以对 MCU 进行访问了。

一般的 MCU 都有代码加密功能,430 是如何实现的呢? 外部对 430 内部的代码读/写只能通过上述的 3 种方式,所以又引入了熔丝位,熔丝位只存在于 JTAG 和 SBW 接口逻辑内。BSL 内部没有熔丝。当熔丝烧断时(物理破坏,且不可恢复) JTAG 与 SBW 的访问将被禁止,此时只有 BSL 可以访问。而通过 BSL 对 MCU 的访问时需要 32 个字节的密码,该密码就是用户代码的中断向量表。所以 430 的加密系统到目前为止尚无被解密的报告。

仿真器的型号一般有 UIF(USB 接口,支持 JTAG、SBW)、PIF(并口,只支持 JTAG)、EZ430(USB 接口的,只支持 SBW 模式);专业编程器有 GANG430(串口,一拖 8 个,支持 JTAG、SBW,不支持 BSL);多功能编程器(JTAG、SBW、BSL)。这些编程器都可以做离线烧写,即脱离计算机来对目标板烧写,也可以用仿真器配专业的软件来作编程器,这类软件有 MSPFET 和 FET - PRO430 等。

3.1.2 TI MSP430 编程软件

针对铁电 FRAM FR57xx PC 机上的调试软件可以选择 IAR 或者 CCSv4 及以上版本。IAR - EW430 v5.20.x 以上版本支持 FRAM 芯片,CCS v4.2.3 也可以支持 FRAM 芯片。相关软件的下载地址,可以从以下网址获取:

http://www.ti.com.cn/tool/cn/iar - kickstart;

http://www.ti.com.cn/tool/cn/ccstudio。

图 3.2 所示为下载到的 IAR5.30 的截图。

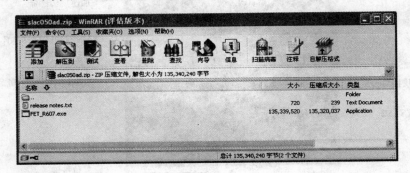

图 3.2 IAR5.30 的截图

下面通过实验板以一个实际的例程来说明整个开发环境的调试过程。

3.2 TI FRAM 软件调试开发环境

3.2.1 MSP - EXP430FR5739 FRAM 实验板介绍

TI 基于 MCU 的第一个嵌入式铁电随机存取记忆体(FRAM)的实验板 MSP - EXP430FR5739 是一个理想的平台,能让用户方便地开发、调试评估最新的嵌入式存储技术,支持 IAR 嵌入式工作台和 CCS IDE 集成开发环境。最新版本的 IDE 下载地址为:www.msp430.com。

MSP - EXP43 0FR5739 实验板的购买网址为:http://estore.ti.com/MSP - EXP430FR5739 - MSP - EXP430FR5739 - Experimenter - Board - P2430C42.aspx;实验板包含 MSP - EXP430FR5739 相关软件和源代码的压缩文件能在以下地址下载:www.ti.com/lit/zip/slac492。此文件包括的内容有用户体验源代码和项目文件;支持板卡安装的驱动程序;计算机的图形用户界面;实验板相关的设计文件。

实验板(图 3.1)的配置如下:USB 调试以及编程接口,能自动安装并提供一个串口与计算机进行通信;板载 ADXL335 加速度传感器;NTC 热敏电阻;2 个用户输入开关和一个复位重启开关;8 个 LED 输出显示。

通过 MSP－EXP430FR5739 附带的 USB 电缆使之与计算机相连。如果计算机上已经安装有 MSP430 的集成开发环境,例如 IAR 嵌入式工作台或者 CCS 的集成开发环境,驱动文件将会被自动定位并安装。如果计算机上没有集成开发环境,则选择此安装路径:\MSP－EXP430FR5739\Drivers folder。

驱动安装完成后,在"我的电脑→属性→硬件→设备管理"中查看,MSP430 Application UART 是否已经在 COM ＆ LPT 端口下显示。

计算机的图形用户界面(GUI)位于路径\MSP－EXP430FR5739\Graphical User Interface 下相关的压缩文件中。双击 MSP－EXP430FR5739GUI. exe 文件载入计算机应用程序。

演示的输入部分使用开关 SW1 和 SW2,它们允许用户选择操作或者其他选项模式。

演示的输出部分使用 8 个 LED 来显示,同时通过串口信道将信息传输给计算机。

评估板给出了 4 个用户体验演示的操作模式:高速 FRAM 写入;仿效闪存的写入速度;采样加速度传感器的数据并写入 FRAM;采样热敏电阻的数据并写入 FRAM。

进入和退出模式设置的步骤如下:

① 开关 S1 作为模式选项。在按下 S1 后,LED8 至 LED5 灯点亮用以显示相应的模式。

② 按下开关 S2 进入模式。

③ 当前模式下按 S2,将关闭演示功能,主要是指停止 LED 和 UART 的输出。这对于测量功率来说是很有用的。

④ 使用 S1 退出当前模式,同时返回模式选择。

注意:在不选择任何模式的情况下按 S2 快速触发 LED8 闪烁;需要退出这个模式,可以按 S1 返回模式选择。MSP－EXP430FR5739 板配备一个复位开关。复位时,设备会显示一个短时的 LED 亮灯顺序。

1. 模式 1 —— FRAM 高速写入

按一次 S1 后按 S2 进入模式 1,LED8～LED1 顺序点亮以显示 FRAM 的写入速度,每次 LED1～LED8 顺序亮灯后,表示有 800 KB 的数据写入 FRAM。在这种模式下,FRAM 以 1.8 MB/s 的速度写入。相比之下,写入 Flash 的最大速度大约可以达到 13 KB/s。图 3.3 表示 FRAM 和 Flash 的写入速度比较(MSP430FR5739 FRAM 和 MSP430F2274 Flash 比较)。

需要注意的是,代码优化的是功率而不是速度。FRAM 存储模块在代码优化的情况下能以大于 8 MB/s 的速度写入。进入模式 1 时,计算出 FRAM 高速缓存区单元地址。对于用户演示板来说,此单元起止地址分别为 0xD400、0xF000。这些地址可以在头文件 FR_EXP. h 中修改。需要注意的是,在修改此单元起始地址时,首先需要确认代码所需空间并确保 FRAM 高速缓存区空间不能与应用代码空间重复。

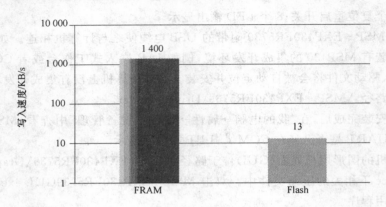

图 3.3　FRAM 和 Flash 的写入速度比较

(MSP430FR5739 FRAM 对 MSP430F2274 Flash)

不同的编译器和最优化设置可能影响应用代码的设计。如果发生空间重叠的问题，应用代码可能会在模式 1 下重写，最终导致演示失败。在模式 1 下，系统使用 DCO 将主时钟设置成 8 MHz。执行长字节写入 FRAM 的函数在一个 while 循环中被连续调用。每当 FR_EXP.c 中的 FRAM_Write( )函数被调用时，512 B 就会被写入。为了用来模拟闪存段，随意选择一些数字，同时对于一次可写入 FRAM 的字节数没有限制。在模式 1 时，每次 LED 灯顺序变化时就有 100 KB 被写入。举个例子，在第一个 100 KB 被写入后，LED8 被点亮；第二个 100 KB 被写入后，LED8 和 LED7 被点亮，依此类推。当 8 盏 LED 灯全部点亮后，一个轮回结束，接着从 LED8 重新开始亮灯显示。同样，每次写入 100 KB，UART 传送一次数据。传送的数据通过一个反向通道 UART 来传递给 PC 机，用来计算 FRAM 的写入速度和耐久性测试信息，同时在计算机上以图形用户界面显示这些信息。这些原始数据同样可以用 PC 机上的应用程序例如超级终端来直接查看。

当测量活动模式下的功率时，需要关掉所有的 LED 灯，同时停止 UART。使用开关 S2 就可以做到。开关 S2 用来控制显示设置的开启或者关闭。在执行 8 MHz 时钟指令且写入 FRAM 时，关闭显示使用用户可以直观地测量 MSP430 设备的电流功耗。在试验台测试中，MSP430 的 DVcc 电流测试结果接近于 $800\ \mu A$。需要注意的是，由于 FRAM 缓存器的属性所致，FRAM 存储器通路的数量在很大程度上会影响活动模式的功率消耗。未优化的代码会访问大量的 FRAM，导致测量电流的增加。在使用集成开发环境例如 CCS 或者 IAR 时，最好先查看其工程的编译设置，以确保最有效的代码和最小的功率消耗。默认情况下，工程就是使用级别 1 的最优化设置。

在实验板由 USB 驱动或者通过外部电源供电时，就可以进行测量。在使用 USB 驱动时，建议关闭 MSP430FR5739 设备的仿真部分。这个可以通过移除 J3 上的跳线 TXD、RXD、Reset 和 Test 来实现。通过移除 Vcc 电压端跳线，将万用表串联在电路中，可以测试 MSP430FR5739 Vcc 电压端的电流大小。另外一种驱动实验板的方法需要通过将 Vcc 端与 GND 端相连，同时将实验板的 USB 线断开来实现。

在这种方式下,万用表与 Vcc 端串联同时移除跳线 MSP_PWR。测量 IDVCC 的所有 4 种模式都可以用上述这几种方式。

2. 模式 2 —— 仿真 Flash 的写入次数

通过按键 S1 按下 2 次,再按 S2 按键进入模式 2。在这种模式下,通过 FRAM 来模拟闪存的最大写入速度。类似于模式 1,模式 2 进入后,从 LED1~LED8 依次点亮,每 800 KB 写入就有相应的 LED 变化,写入 FRAM 是在大约 12 kbit/s 的速度下。整个序列需要大约 80 s,所以应超过 1 min 观察,看指示灯序列翻转的演示。

注意:运行这个模式取决于内部频率源,如定时器(即 VLO 等)。在这种模式下,每 2 KB 内存写入后,一个 UART 包传输到计算机的 GUI,通过 GUI 来计算速度和耐久性的信息。

MSP430F2274 芯片用于计算 Flash 的最大写入速度,对于 512 B 的块来说,可以从 MSP430F2274 的数据手册获取如下,段擦除时间为 $4\,819 \times t_{FTG} = 16$ ms,这里 $t_{FTG} = 1 / f_{FTG} \approx 1/300$ kHz,512 B 的写入时间约为 51.2 ms,写 512 B 整个的时间约为 67.2 ms。写到 100 KB 字节的时间是 6.72 s,因此计算的连续写入速度是 14.8 kbit/s,由于代码执行的时间开销加上了速度计算的时间开销,因此该数据和观察到的 12 kbit/s 速度接近。FRAM 芯片的写入速度维持在比较低的时钟周期,一个 512 B 的块写入,大概需要 40 ms 时间。每秒写入的次数为 1/(40 ms),等于 25/次/s。每秒写入的最大字节数为 12.800 kbit/s(512×25),FRAM 的写入时序是由 VLO 时钟设置的,从这些比较测试可以看出,在 12 kbit/s 的速度下写入闪存需要接近 100% 的时钟周期,但是在同样的速度下写入 FRAM,只需要 1% 的时钟周期,其他 99% 的时间 FRAM 芯片在工作在关断模式 LPM4,平均电流小于 10 μA,相比于 Flash 闪存的 MCU,平均电流达到 2.2 mA(在 13 kbit/s 的速率下的功耗是 μA 级)。针对 MSP430FR5739 FRAM 和 MSP430F2274 Flash 以 13 kbit/s 的速度写入存储器,比较平均功耗对比如图 3.4 所示。

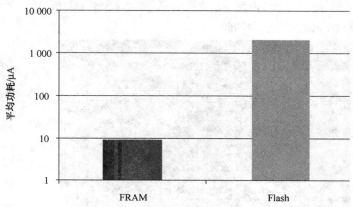

图 3.4　以 13 kbit/s 的速度写入存储器,比较平均功耗
(MSP430FR5739 FRAM 对 MSP430F2274 Flash)

在模式 2 下,GUI 会显示测试时间,写入字节数,Flash 仿真的速度,在 512 B 块上的耐久性写入仿真。耐久性测试是基于 Flash 10^5 次的最小编程、擦除周期。如果以 25 次/s 的写入速度写 512 B 块,在 10 000/25(6.6 min)内耐久性测试将超过最小的 10^5 次限制。因此这类测试在 Flash 中要谨慎使用。

3. 模式 3 —— 加速度传感器

通过按键 S1 按下 3 次,再按 S2 按键进入模式 3,进入此模式后,实验板上的加速度传感器(图 3.5)会进行校准。为了有助于校准过程,进入该模式之前,建议将实验板放在一个水平面上。

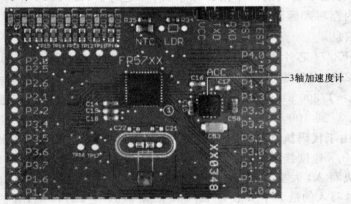

图 3.5 实验板上的加速度传感器

校准过程完成后,LED4 和 LED5 打开。当在一个向上或向下的方向倾斜实验板时,LED 亮灯也遵循板子倾斜的方向。和其他模式一样,S2 用来开启显示或者关闭显示。

4. 模式 4 —— 温度传感器

通过按键 S1 按下 4 次,再按 S2 按键进入模式 4,当进入模式 4 之后,实验板上的温度传感器(图 3.6)会进行校准。

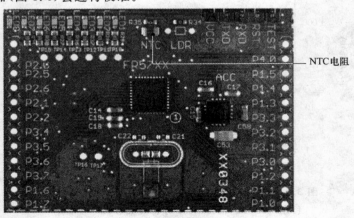

图 3.6 实验板上的 NTC 电阻

当校准过程完成后,LED4 和 LED5 灯点亮。当 NTC 电阻加热(例如,在 NTC 上放手指),此时通过 LED1~LED3 会依次点亮,当冷却 NTC,此时 LED5~LED8 会依次点亮。类似于模式 3,模式 4 下也会将采集的 ADC 的数据实时地存储到 FRAM 中,而不需要像 Flash 那样需要等待写入周期,可以通过在 ADC 中断服务程序中观察响应的速度,采样率是 15 kbit/s,在这个速度下,一般的 Flash 芯片需要将数据先缓存到到 RAM,然后再写入 Flash。然而在 FRAM 中,唯一的瓶颈是 ADC 能够采样的速度,而不是存储器的写入时间。当在温度传感器模式,可以通过 GUI 来观察温度传感器的测量状态。

3.2.2　MSP－EXP430FR5739 在 IAR 和 CCS 下的使用方法

前面已经介绍了 FRAM 的两种开发 IDE:IAR 和 CCS,可以在 IDE 集成环境下对例程代码进行查看,编辑和编译等。下面对它们各自的调试方法进行介绍。

1. 使用例程代码建立 IAR 工作环境

为了建立 IAR 的工作环境,首先从 http://www.ti.com.cn/tool/cn/msp－exp430fr5739 网址下载 MSP－EXP430FR5739 Software and Source Code 这个例程代码文件。如果下载完成就可以依次执行下面的步骤。

① 在 IAR 下双击打开 MSP－EXP430FR5739_Workspace.eww。

② 在工程中自动包含工作区。

③ 如果有相关的仿真器连接到计算机,需要单击 Project →Options →FET Debugger 来连接目标板。这里 TI 官方提供的实验板内部有一个单独的 FET 仿真单元,可以直接对 FRAM 进行仿真、调试以及编程。

④ 单击工程 Project→Download & Debug 就可以将代码加载到 MSP－EXP430FR5739 实验板。

这样就可以出现 IAR 下相关的调试参考界面,如图 3.7 所示。

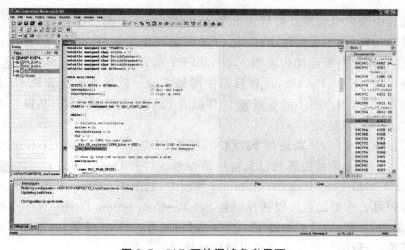

图 3.7　IAR 下的调试参考界面

2．将例程代码导入到 CCS 中的方法

同样的，类似与 IAR，也可以在 CCS IDE 下使用。其步骤如下：

① 创建一个工作台 workspace 文件夹。

② 打开 CCS，指向新创建的工作台文件夹。

③ 单击 Project → Import Existing CCS/CCE Eclipse Project。

④ 浏览文件夹，在安装目录下的\MSP－EXP430FR5739\MSP－EXP430FR5739 User Experience 的用户例程代码文件。

⑤ 工程 MSP－EXP430FR5739_UserExperience 是自动选择的。

⑥ 单击"完成"按钮，就将工程导入到当前工作台中。

⑦ 单击"调试"按钮就可以下载工程到目标板。

3．源文件描述

表 3.1 描述了例程使用的源文件。

表 3.1　例程代码源文件

文件名	描　　述
main. c	这个文件包括用户实验代码例程
main. h	主程序的头文件
FR_EXP. c	定义 main. c 文件中需要调用的 C 函数
FR_EXP. h	定义 main. c 和 FR_EXP. c 文件中包含的函数申明

3.2.3　常用的在线编程软件 FET－Pro430 和 MSP430 Flasher

在设计中常常也会涉及将研发出来的代码提交生产部分进行烧写，这时候就不方便提供源代码，也不方便将 IAR 或 CCS 安装在生产部分，此时，需要有合适的简单的 GUI 软件能直接连接仿真器 MSP430FET 等调试工具，对目标芯片进行编程。这里介绍一种 FET－Pro430，这是目前使用最多的一款单独的计算机 GUI 编程软件。使用它之后，用户就不需要安装 IAR 或者 CCS 等复杂的工具，其设计界面如图 3.8 所示。

烧写目标芯片时，只需连接 FET430，打开 FET430－Pro430 GUI，在 Group 中选择目标 MSP430 单片机系列以及对应的型号。打开 Open Code File，将烧录文件加载到 FET MSP430 Flash Programmer 界面中，如图 3.9 所示，单击 AUTO PROG 按钮烧写即可。这里面也可以选择设置 Setup→Connection/Device Reset，打开设置界面，如图 3.10 所示，可以选择 JTAG(4 线制)或者 SPY(2 线制)的连接方式等。步骤非常简单，一般的生产工人就可以进行操作。

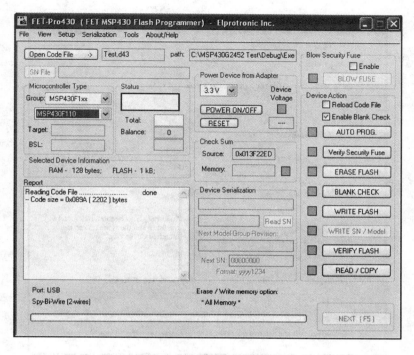

图 3.8　FET – MSP430 烧写 GUI

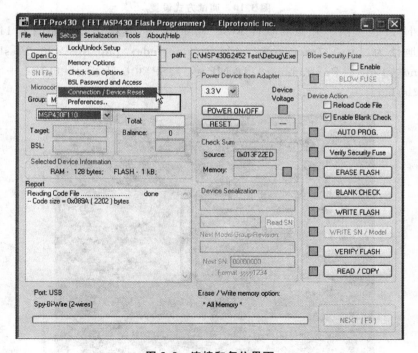

图 3.9　连接和复位界面

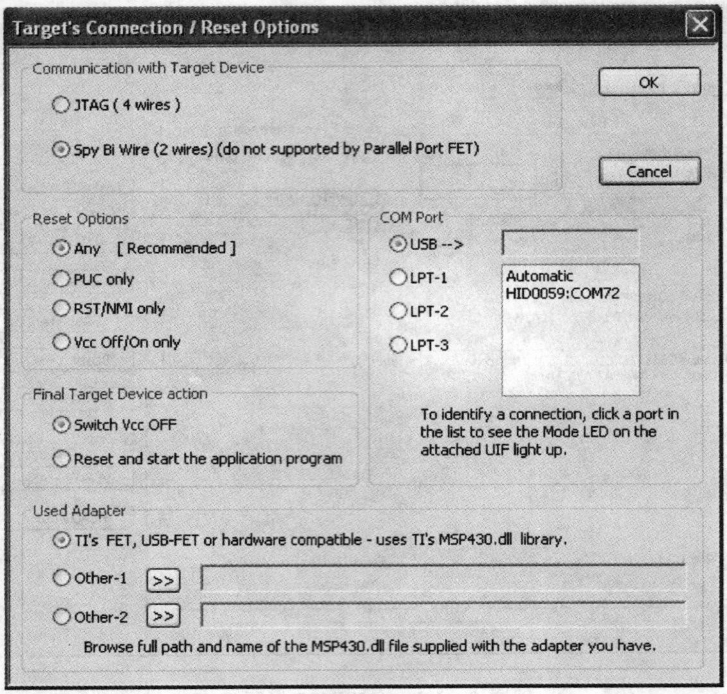

图 3.10　调试方式设置

　　另外,TI 也提供了开源的软件 MSP430 Flasher,其操作界面如图 3.11 所示。其下载地址为:http://processors. wiki. ti. com/index. php/MSP430 _ Flasher _-_ Command _ Line _ Programmer? DCMP = MSP430&HQS = Other + OT + msp430flasher。

图 3.11　MSP430 Flash 烧写界面

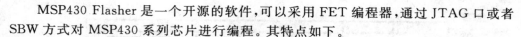
MSP430 Flasher 是一个开源的软件,可以采用 FET 编程器,通过 JTAG 口或者 SBW 方式对 MSP430 系列芯片进行编程。其特点如下。

① MSP430 Flasher 可以用来下载二进制的文件(. txt/. hex)到 MSP430 芯片中,不需要使用 IDE(IAR 或者 CCS)集成环境。

② 可以直接从芯片中提取固件信息。

③ 可以对目标芯片供电。

④ 在应用中提供 JTAG 密码保护。

⑤ 设置硬件断点。

⑥ 可以在计算机的任何位置运行,不需要安装。

3.2.4　GangProgrammer 脱机编程工具

TI 也有相应的多芯片同时编程工具 GangProgrammer,其烧录界面如图 3.12 所示,其产品如图 3.13 所示。

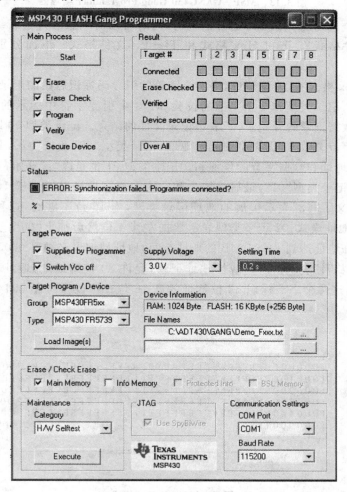

图 3.12　编程工具 GangProgrammer GUI

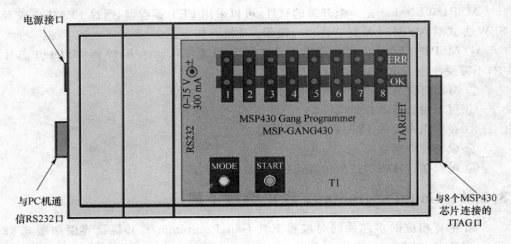

图 3.13   MSP‑GANG430 Gang Programmer 编程器

它支持全系列的 MSP430 芯片的烧写,同时可以对 8 颗芯片进行编程烧入。支持的烧写文件格式有 Intel Hex 格式和 TI‑txt 文件格式。下面分别介绍这两种格式。

Intel Hex 格式有 16 位地址,由 9 个字符的引导码标识启始的记录字节、字节个数、下载地址、记录类型和 2 个字节的校验和。9 个引导字符中标示的记录类型,其中"00"表示数据记录的开始,"01"表示记录文件的结束。记录类型 00 以":"开始,紧接着是数据字节个数、数据类型的起始地址、记录类型"00"和校验和,其中校验和包括字节个数、地址和数据字节的累加和。记录类型 01 也是以":"开始,紧接着是字节个数、地址和记录类型"01",最后是校验和。为了表示地址总线大于 16 位的其他记录类型,也定义了"02"表示扩展的地址记录类型,当 16 位不够时,这种模式等价于 80×86 实时地址模式,02 记录类型表示数据左移 4 位然后加上"00"记录地址,这种方式可以允许地址达到一个 1 MB 的地址空间,地址域记录必须是 0000,字节个数是 02。记录类型"04"表示扩展的线性地址记录,允许 32 位的地址,地址域是 0000,字节个数是 02,这两个字节标识 32 位地址的高 16 位。可以参考图 3.14 所示的 Hex 格式代码。

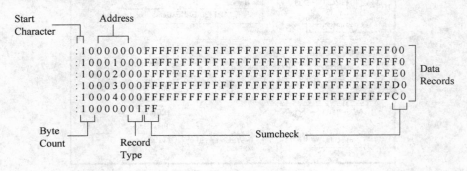

图 3.14   Intel Hex 格式

MSP‑GANG430 使用的 TI‑txt 文件格式如下：

@ADDR1

DATA01 DATA02 .... DATA16

DATA17 DATA18 .... DATA32

....

DATAm .... DATAn

@ADDR2

DATA01 .... DATAn

q

这里@ADDR 标识段的起始地址，DATAn 标识数据字节，q 标识文件的结束。例如：

@F000

31 40 00 03 B2 40 80 5A 20 01 D2 D3 22 00 D2 E3

21 00 3F 40 E8 FD 1F 83 FE 23 F9 3F

@FFFE

00 F0

Q

这里要注意的是除了最后一段，每行最多 16 个数据字节，数据字节之间通过一个空格分开，段的个数是没有限制的。

3.3　MSP430 汇编与 C 语言混合编程

汇编与 C 语言混合编程的关键问题有如下几点。

① C 程序变量与汇编程序变量的共用。为了使程序更易于接口和维护，可以在汇编程序中引用与 C 程序共享的变量：. ref_to_dce_num,_to‑dte_num,_to_dce_buff,_to_dte_buff，在汇编程序中引用而在 C 程序直接定义的变量。

② 堆栈问题。在汇编程序中对堆栈的依赖很小，但在 C 程序中分配局部变量、变量初始化、传递函数变量、保存函数返回地址及保护临时结果功能都是靠堆栈完成，而 C 编译器无法检查程序运行时堆栈能否溢出。

③ 程序跑飞问题。编译后的 C 程序跑飞一般是对不存在的存储区访问造成的。首先要查. MAP 文件与芯片存储器映像（memory map）对比，看是否超出范围。如果在有中断的程序中跑飞，应重点查在中断程序中是否对所用到的寄存器进行了压栈保护。如果在中断程序中调用了 C 程序，则要查汇编后的 C 程序中是否用到了没有被保护的寄存器并提供保护。

下面描述如何在 MSP430 应用程序环境下使用 C 和汇编，为用户提供高效的高级语言，为系统带来速度和效率的优化。

3.3.1 IAR 的 C 编译器中函数间变量传递的定义

编译器有 2 组处理器寄存器,寄存器 R12～R15 用于参数传递,通用寄存器 R4～R11 主要用于寄存器变量和临时寄存器。注意,如果使用-ur45 选项的话,编译器不会使用寄存器 R4 和 R5。每个函数调用都会创建如图 3.15 所示的栈结构。

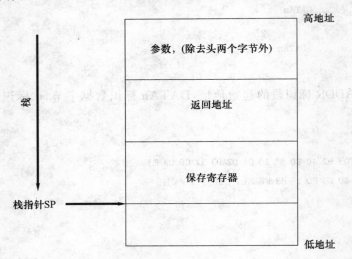

图 3.15　C 语言的参数传递

调用 C 函数参数的传递给编译器是按照从右到左的顺序执行,除了结构体,大部分左边的两个参数在寄存器中传递,它们也会在栈中传递,保留的参数总是在栈中传递,可以看函数 f 的调用说明。函数 f(w,x,y,z),由于申明默认是从左到右的顺序执行,z 是装载到栈顶,紧接着是 y 和 x,根据不同的类型,x 要么在 R14,R15∶R14 或者在栈中,最后是 w,结果是从 R12 返回,如果是结构体或者是统一的类型,R12 会指向一个特定的地方。表 3.2 为参数传递的定位表。

使用 C 语言编写的中断函数和 R4～R11 寄存器一样,会自动处理状态寄存器,状态寄存器会保存作为中断函数调用过程的一部分,进入中断时候时,由于压栈指令的使用,所有使用的寄存器会保存,退出中断服务程序时,这些寄存器会通过出栈指令弹出,RETI 指令用于重载状态寄存器,从中断函数返回。

表 3.2　参数传递的定位

申　明	<32 bit 类型	32 bit 类型	结构体/联合
4th(z)	栈	栈	栈
3rd(y)	栈	栈	栈
2nd(x)	R14	R15∶R14	栈
1st(w)	R12	R13∶R12	栈
结果	R12	R13∶R12	特殊数据

3.3.2　汇编函数被 C 调用

汇编函数被 C 调用需要做如下的特征:首先要符合上述的调用约定,其次要有 PUBLIC 入口标志,函数被调用之前,需要做类型检查,例如外部函数 extern int foo( ) 或者外部函数 extern int foo(int i, int j)。

1. 本地存储分配

如果程序需要本地存储,需要按照如下方式执行,在静态工作区硬件堆栈,常规情况下是不需要重入栈的,函数总是可以使用 R12～R15,R6～R11,在使用这些前,需要压栈。由于 R4 和 R5 不必使用 ROM 监控代码区,如果 C 代码编译使用-ur45,应用不在 ROM 监控区中运行,由于 C 代码中没有使用这两个寄存器,那么可以在汇编子程序中使用。

2. 中断函数

常规调用不能用于中断函数,由于中断函数调用前,可能中断已经发生,因此要求中断函数和常规的函数有如下不同:中断子程序必须保存所有的用户寄存器,包括 R12～R15,必须使用 RETI 退出中断,中断子程序必须处理所有的状态寄存器(如移位 Carry /负数 Neg. / 零 Zero /溢出 Overflow)标志。

3. 定义中断向量

作为另外一种方式定义中断函数,在汇编语言中用户可以自由地编写汇编中断函数,并在中断向量中进行设置,中断向量位于 INTVEC 段。

3.3.3　编译 C 和汇编函数

C 代码和汇编代码的调用机制是很简单的。一般的,带“. c”的文件导入汇编文件使用“extern”关键字。带“. s43”格式的汇编文件,在 C 代码中使用,需要使用“public”关键字。使用“extern”关键字将 C 代码导入到汇编中,将 C 文件导出到汇编代码中,不需要关键字。

当“. c”和“. s43”文件写完后,它们被添加到工程文件中,执行编译。

1. 不使用参数传递调用汇编函数

使用不带参数传递调用汇编函数的例子如例 1 所示。

2. 带参数传递调用汇编函数

当需要通过 C 来传递参数给汇编函数,例 2 给出了如何在 C 主函数和汇编函数间传递参数。

3. 在汇编中定义中断服务程序

经常要求中断服务程序进行速度优化,这样使用汇编可以提供效率,例 4 使用汇编来编写看门狗中断服务程序,通过 C 语言来进行调用。

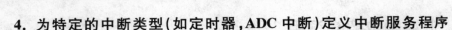

4. 为特定的中断类型(如定时器,ADC 中断)定义中断服务程序

一些模块,如 TimerA / TimerB/ ADC12 用于特定独立的软件和硬件中断,这些中断服务程序使用汇编编写,可以参考例 5 来实现。

5. 从汇编语言调用 C 函数

在例 3 中,C 函数 rand( )被汇编程序调用。

6. 在中断服务程序中关闭低功耗模式

在中断服务程序中,状态寄存器和返回地址存储在栈中,当从中断程序返回后,为了让 CPU 进入活动模式,栈中状态寄存器的数值需要修改,特别地,标明低功耗模式的标志位需要清除,从 C 语言开始,不能直接访问栈指针,但是通过内联函数 BIC_SR_IRQ(bits),在栈中保存的状态寄存器可以被修改。

```
# include <msp430x11x1.h>
void main(void)
{
...
_EINT();                    //使能中断
while(1)
{
...
_BIS_SR(LPM3_bits);         //进入模式 LPM3
...
}
}
interrupt[WDT_VECTOR] void watchdog_timer (void)
{
_BIC_SR_IRQ(LPM3_bits);    //在栈点保存 SR,清除 LPM3 标志位
}
```

3.3.4   编译库文件

库是单一的一个文件,它包含一些重定位的目标模块,每一个都可以独立装载文件中的模块,通常情况下,在库文件中的所有模块都有库的属性,如果在实际程序中使用,那么连接器(linker)会加载它们。另一方面,库文件不同于其他汇编器或者 C 编译器产生的对象文件,它包含各种各样的库类型,在连接器处理包含库的文件时,程序和模块都会被加载。

1. 在汇编程序中使用库

如果编写简单的汇编函数,可能不需要使用到库,但是当编写中大型的应用程序时,库是必须的,它能够带来如下的好处:它可以用于多个工程项目使用一个简单的

库文件,这简化了连接编译过程中必须包括模块输入文件列表,只有库模块需要包括在输出文件中。同时也简化了程序的维护,它允许多个模块被放置在一个单一的汇编文件中,每个模块可以独立装载库模块。汇编库文件可以使用如下两个基本的方法创建,其一,编译单一的汇编文件包含多个库类型的模块,可以创建一个库文件,由此产生的库文件可以使用 Xlib 修改;其二,使用 Xlib 库合并多个现有的模块,形成一个用户创建库,独立申明程序和库的类型。

2. 将模块设计成库文件的形式

如果函数需要加入到新的或者现有的库文件中,那么需要做下两步操作:首先编译库文件的对象文件(object file),然后编译如下例所示的脚本语言,或者在 XLIB 程序后直接插入命令行文件也可以。

```
build_lib.xlb
def - cpu msp430
cd debug
cd obj
make - lib port1
make - lib port2
fetch - mod port1 port
fetch - mod port2 port
list - entries port
list - entries port lstport
exit
```

如果上述脚本语言保存命名为 build_lib.xlb,它将通过 $ PATH $ \XLIB build _lib 执行,端口 port1 和端口 port2 对象将被整合到一个库文件 port(port.r43)中。只需要将库文件加入到工程中,port1 和 port2 函数就可以被工程直接调用。

3.3.5　在观察窗口中观察汇编变量

首先,要注意到 C - SPY 是一个 C 的调试器。Watch 观察窗口除了显示格式可以修改以外,其他内容是不可以修改的,如果其地址变更,则需要删除变量,并创建一个新的变量。在 C 中,选择拖拽的方式将变量放到观察窗口,由于 MSP430 外设存储器的映射,对外设寄存器变量的观察可以进行扩展。有了上述概念,在汇编语言中观察变量有如下两种方法。

1. 在观察窗口观察寄存器变量

使用"#"特殊符号来查看芯片寄存器,如 #PC、#SP 或 #Rn(如果 Rn 在源文件中使用)。

2. 观察变量

当调试汇编代码时,是无法直接使用观察窗口的,变量的定义需要以 C 来命名。

在 RAM 中定义变量如下：

```
RSEG UDATA0
varword ds 2            //每个字为双字节
varchar ds 1            //每个字符为单字节
```

在 C – SPY 调试环境中，执行下列步骤来观察变量：

① 打开观察窗口：Window→Watch。

② 选择使用：Control→Quick Watch。

③ 为了观察字变量，在"Expression box"中输入：(unsigned int ＊) ＃varword。
为了观察字节变量，在"Expression box"中输入：＃varbyte。

④ 单击"添加"(Add Watch)按钮。

⑤ 关闭窗口(Quick Watch Window)。

⑥ 在观察窗口中创建多个项目，单击"＋"符号，这会显示观察变量的内容或者数值。要更改变量显示的格式(二进制、ASCⅡ、十六进制等)，选择相应的数值，然后右击并选择属性，会弹出一个窗口，这时根据需要选择显示的格式，相应的数值也会跟着改变。

在 C 语言中定义的变量，在汇编用通过外部引用来使用，其设置方法如下。

C 程序：

```
unsigned int varword;              //字变量
char varbyte;                      //字节变量
汇编程序：
…..
EXTERN varword ;
EXTERN varbyte ;
…..
mov.b ＃00011h,varbyte ;
mov.w ＃01111h,varword ;
```

例 1 通过 C 程序来调用汇编函数，而不使用参数传递和返回值的方式，汇编程序实现对 P1.0 口取反。

调用汇编函数的 C 代码如下：

```
/ ******************************************************************** /
/ * 汇编代码和C代码的混合编程，在工程中必须包括汇编文件"Port1.s43" * /
/ ******************************************************************** /
＃ include ＜MSP430x14x.h＞
/ * -------------------外部函数申明------------------- * /
extern void set_port(void);
/ ******************************************************************** /
void main( void )
```

```
{
// === 系统初始化 ====================================================
IFG1 = 0;                    //清除中断标志 1
WDTCTL = WDTPW + WDTHOLD;    //停止看门狗 WDT
P1DIR = 0x01;
while(1)
{
set_port();
}
}
```

汇编函数文件如下：

```
************************************************************************
; 文件名:Port1.s43,用于访问和设置端口 1
************************************************************************
# include "msp430x14x.h" ;
NAME Port1
EXTERN rand
; ==============================================================
; 设置端口(set_port)
; ==============================================================
PUBLIC set_port ;
RSEG CODE;                   //代码重定位
set_port;
xor.b #01h,&P1OUT;          //端口 1 的 0x01 位输出翻转
ret
END
```

例 2　从 C 语言调用汇编函数，传递参数并返回值。该程序从端口 1 读入状态，然后将状态数值传递给汇编函数，根据不同的数值，端口 P1.0 取反或者保持原状态。

调用汇编函数的代码如下：

```
/ ***************************************************************** /
/ * 汇编代码和 C 代码的混合编程,在工程中必须包括汇编文件"Port1.s43"   * /
/ ***************************************************************** /
# include <MSP430x14x.h>
/ * ------------------- 外部函数引用 ------------------- * /
extern char get_port(char mask);     //汇编函数调用
extern void set_port(char mask);     //汇编函数调用
/ ***************************************************************** /
void main( void )
```

```
{
// === 系统初始化  ==================================================
IFG1 = 0;                              //清除中断标志 1
WDTCTL = WDTPW + WDTHOLD;               //停止看门狗
P1DIR = 0x01;
while(1)                               //主循环
{
char value, mask;                      //申明当前变量
mask = 0x80;
value = get_port(mask);                //调用汇编功能
if(value = = mask)
{
set_port(0x01 ^ get_port(0xFF));       //对端口 P1.0 取反
}
}
}
```

汇编文件代码如下：

```
****************************************************************************
; 文件名：Port1.s43,用于获取和设置端口 1,需要访问外部的 C 函数,参见例 2
****************************************************************************
# include "msp430x14x.h"
NAME Port1
; ================================================================
; 设置端口
; ================================================================
PUBLIC set_port ;
RSEG CODE ;//代码重新定位
set_port;
mov.b R12,&P1OUT;//设置 R12(第一参数)从端口 1 输出
ret

; ================================================================
; 获取端口状态
; ================================================================
PUBLIC get_port ;
RSEG CODE ;//代码重新定位
get_port;
mov.b &P1IN,R13 ;//存储端口 1 到 R13 寄存器
and.b R12,R13 ;//使用掩码
mov.b R13,R12 ;//存储变量数值到 R12 寄存器(返回参数)
ret
```

END

例 3　在本例中,汇编函数调用标准 C 中的库函数 rand(　)。该函数返回一个随机数,其较低字节被写入到 MCU 的端口 Port1。

调用汇编函数的 C 代码如下:

```
/ ****************************************************************** /
/ * 本例主要讲述汇编和 C 语言的混合编程,该文件必须引用汇编文件"port1.s43" * /
/ ****************************************************************** /
# include <MSP430x14x.h>
/ * ------------------- 引用外部函数 ------------------- * /
extern void set_port_rand(void);/ * 引用汇编语言函数 * /
/ ****************************************************************** /
/ * 主函数 * /
/ ****************************************************************** /
void main( void )
{
//初始化系统
IFG1 = 0;                    //清除中断标志 flag1
WDTCTL = WDTPW + WDTHOLD;     //停止看门狗 WDT
P1DIR = 0xFF;                //所有的 P1.x 端口设置为输出
while(1)                      //初始化主循环
{
set_port_rand( );            //将随机变量数值赋给端口 1
}
}
//主函数结束
/ ****************************************************************** /
/ * 乘法器函数 * /
/ ****************************************************************** /
unsigned long mult(unsigned int x , unsigned int y)
{
return ( x * y);             //x * y 相乘
}
//乘法器函数结束
```

汇编函数调用 C 函数的代码如下:

```
******************************************************************
; 文件:Port1.s43,用于获取变量,并将变量数值赋端口 1
; C 语言的例程代码参见例 3
******************************************************************
# include "msp430x14x.h"
```

```
NAME Port1
EXTERN rand ;                    //标准的 C 函数
EXTERN mult ;                    //例 3 中的乘法器函数
; ================================================================
; 设置端口函数 set_port_rand
; ================================================================
PUBLIC set_port_rand
RSEG CODE ;                      //代码段重新定位
set_port_rand
call ♯rand ;                     //调用 rand() -> 变量存储到 R12
mov ♯25,R14 ;                    //第二操作数 -> R14
;第一操作数 -> R12 来自于 rand()函数
call ♯mult ;                     //在 R12/R13 中返回
mov.b R12,&P1OUT ;               //将 R12 的低字节给端口 1 输出
ret
END
```

例 4 在本例中,看门狗定时器的中断服务程序是由汇编函数来处理的。中断函数不能有变量和返回值。因为在一个程序执行过程当中,随时都可以产生一个中断,且寄存器通常都会被保存,尤其在堆栈中经常出现。

使用汇编中断服务程序代码例程如下:

```
/ **************************************************************************** /
/ * C 和汇编的混合编程,本例演示 C 和汇编的混合编程来使得编程语言最优化 * /
/ * 注意:项目文件必须包含"wdt_int.s43"文件 * /
/ **************************************************************************** /
♯ include <MSP430x14x.h>
/ **************************************************************************** /
void main( void )
{
//系统初始化
IFG1 = 0;                //清除中断标志 1
WDTCTL = WDT_MDLY_32;    //WDT 32ms 间隔定时器
P1DIR = 0x01;            //P1.0 为输出
IFG1 &= ~WDTIFG;         //清除 WDT 中断标志位
IE1 |= WDTIE;            //使能 WDT 中断
_EINT();
while(1)
{
}
}
```

汇编中断服务子程序如下：

```
**************************************************************************
; 文件名：wdt_int.s43,用于处理看门狗中断服务程序。例子 4 使用 C 代码调用该文件中的
函数。
**************************************************************************
NAME WDT_ISR
# include "msp430x14x.h" ;
;---------------------------------------------------------------------------------
; WDT_isr 看门狗中断服务程序
PUBLIC wdt_isr ;
RSEG CODE ;代码重新定位
wdt_isr
xor.b # 001h,&P1OUT ; 对 P1.0 口取反
reti
COMMON INTVEC(1) ; 中断向量
ORG WDT_VECTOR
DW wdt_isr
END
```

例 5 本例讲述定时器 A、定时器 B 以及 ADC12 的中断服务程序 C 代码的实现方法。

使用中断函数的例程代码如下：

```
/* C 语言和汇编的混合编程,在工程中必须包括汇编文件"ta_int.s43" */
/ ************************************************************************** /
# include <MSP430x14x.h>
int Count;
/ ************************************************************************** /
/* 主程序 */
/ ************************************************************************** /
void main( void )
{
//系统初始化
IFG1 = 0;                      //清除中断标志
WDTCTL = WDTPW + WDTHOLD;   //停止看门狗
P1DIR = 0x01;                  //P1.0 设置为输出
TACTL = TASSEL_2 + TACLR; //CLK = SMCLK ; 清除计数器
CCR1 = 0x4000;                 //为 CCR1 设置捕获数值
CCTL1 = CCIE;                  //使能 CCR1 中断
TACTL | = MC_2 + TAIE;         //开始自加计数；使能 TA 中断
_EINT();
```

```
while(1)
{
}
}
```

                //主程序结束

               /* TIMOVH_C 中断服务程序 */

```
/ ************************************************************************* /
interrupt void TIMOVH_C( void )
{
Count + + ;
}
```

               //TIMOVH_C 程序结束

               /* TIMMOD1_C 中断服务程序 */

```
interrupt void TIMMOD1_C( void )
{
P1OUT ^ = 0x01;              // Toggle P1.0
}
// TIMMOD1_C 程序结束
```

汇编中断处理函数如下：

```
*********************************************************************************
; 文件名：ta_int.s43,用于处理定时器 A 中断服务程序
*********************************************************************************
NAME TA_ISR
# include "msp430x14x.h"
; --------------------外部函数申明 --------------------
EXTERN TIMOVH_C
EXTERN TIMMOD1_C
; ta_isr 看门狗中断服务程序
PUBLIC ta_isr ;
RSEG CODE ;            //代码重载
                      ; Capture/Compare 模块从 1 到 4 的中断处理函数
                      ; CCIFGx 和 TAIFG 中断标志通过硬件复位,在中断向量中高优先级中断标
                      ; 志被复位
ta_isr ;              //中断延迟
ADD &TAIV,PC ;        //在跳转表中添加偏移
RETI ; Vector 0：     //无中断
JMP TIMMOD1_C ;       //中断向量 2：模块 1
JMP TIMMOD2 ;         //中断向量 4：模块 2
JMP TIMMOD3 ;         //中断向量 6：模块 3
JMP TIMMOD4 ;         //中断向量 8：模块 4
```

```
                    ; Module 5. 定时器溢出处理
                    ; fall through
TIMOVH ;            Vector 10：TIMOV 标志
JMP TIMOVH_C ;      //在 C 中处理定时器溢出
                    ; RETI ;
TIMMOD1 ;           //中断向量 2：模块 1
                    ; JMP 函数首先跳转到此处，然后跳转到 C 函数处
BR ♯TIMMOD1_C ;     //在 C 中处理 CCR1 中断
                    ; RETI ;
                    TIMMOD2
        ; 如果所有的五个 CCR 寄存器上都执行中断，那么现有的中断向量都需要进行处理
TIMMOD3
TIMMOD4
RETI ;              //返回
COMMON INTVEC(1) ;  //中断向量
ORG TIMERA1_VECTOR；Timer A CC1 - 2, TA
DW ta_isr
END
```

例 6　本例展示了汇编语言和 C 语言定义的变量，以便在调试环境的观察窗口中更加容易使用。

C 代码变量定义如下：

```
//寄存器 UDATA0
unsigned int Varword1; // Varword1 DS 2
unsigned int Varword2; // Varword2 DS 2
unsigned int Varword3; // Varword3 DS 2
char Varbyte1; //变量 1
char Varbyte2; //变量 2
char Varbyte3; //变量 3
```

汇编代码变量定义如下：

```
♯ include "msp430x11x1.h"
;*********************************************************************************
; MSP430F1121 FET 演示软件等待例程。本例将对 P1.0 端口取反，使用 R15 自减的方式实现
软件等待。时钟设置为默认的方式。
; MSP430F1121
; /|\| XIN      | -
; ||            |
; --|RST XOUT   | -
; |             |
; |    P1.0     |-->LED
```

```
        RSEG CSTACK ;系统时钟
        DS 0
        ; RSEG UDATA0
        EXTERN Varword1 ;
        EXTERN Varword2 ;
        EXTERN Varword3 ;
        EXTERN Varbyte1 ;
        EXTERN Varbyte2 ;
        EXTERN Varbyte3 ;
        ;-------------------------------------------------------------------
        RSEG CODE ;                                    //程序代码
        Reset mov ♯SFE(CSTACK),SP ;                    //初始化栈点
        SetupWDT mov ♯WDTPW + WDTHOLD,&WDTCTL ;         //停止 WDT
        mov.b ♯00011h,Varbyte1
        mov ♯01111h,Varword1
        mov.b ♯00012h,Varbyte2
        mov ♯01112h,Varword2
        mov.b ♯00013h,Varbyte3
        mov ♯01113h,Varword3
        SetupP1 bis.b ♯001h,&P1DIR ;                    //P1.0 输出
        Mainloop xor.b ♯001h,&P1OUT ;                   //P1.0 口取反
        mov ♯065000,R15 ;
        L1 dec R15 ;                                    //R15 自减
        jnz L1 ;                                        //是否自减完成?
        jmp Mainloop ;                                  //继续执行主循环
        ;-------------------------------------------------------------------
        COMMON INTVEC ;                                 //中断向量
        ORG RESET_VECTOR
        DW Reset
        ;-------------------------------------------------------------------
        END
```

3.4　MSP430 在 CCS 下的图形化插件 Grace

3.4.1　如何让代码飞起来——MSP430 图形可视化仿真

使用 TI DSP 开发的人都知道,在 Code Composer Studio 环境中集成了图形数据显示的功能,目前新一代的 CCSv4 能够支持 MSP430 家族的所有芯片,这一功能对于需要从存储器和寄存器直接实时地显示数据内容非常有用,本文使用常用的

MSP430 的例程代码进行调试,详细描述图形化数据显示的操作流程和需要考量的因素。本节描述 CCS4.0 版本下 MSP430 系列的图形化调试功能。

1. 图形可视化的操作

(1) 下载安装必须的组件

首先下载安装 CCSv4,确认 MSP430 相关的仿真器也已经安装。

从 MSP430 系列例程代码链接网址 http://focus.ti.com/mcu/docs/mcuprod-codeexamples.tsp? sectionId=96&tabId=1468 下载代码,同时解压例程代码,在例程代码中选择文件 fet140_adc12_01.c。

(2) 创建例子工程

在 CCSv4 集成环境中,创建一个新的 MSP430 工程,如图 3.16 所示,执行 File→New→CCS Project...,然后命名 MSP430_graph,单击"下一步"按钮。

选择 MSP430 为工程类型,单击"下一步"按钮。

新建一个工程不需要特定的项目,因此接着单击"下一步"按钮。

选择 MSP430F149 作为目标芯片,单击"完成"按钮。这样就会创建如图 3.16 所示的一个工程。目标芯片的配置可以参考链接:http://processors.wiki.ti.com/index.php/Creating_Custom_Target_Configurations。

图 3.16　新建一个工程

在 MSP430_graph 工程名中右击,单击添加文件到工程中,指向例程代码的目录,选择文件 fet140_adc12_01.c。

双击源文件,定位到 31 行(检查下面需要修改的代码部分),由于 ADC 运行在 200kSPS 不能显示数据,为了降低转换速率的目的,分频器 ADC12DIV0、ADC12DIV1 和 ADC12DIV2 将被添加到 ADC12CTL1 寄存器,因此为了方便显示,设定 ADC 运行在 5 Hz。

```
    ...
    ADC12CTL0 = SHT0_2 + ADC12ON;        // 设置采样时间,开启 ADC12
    ADC12CTL1 = SHP + ADC12DIV0 + ADC12DIV1 + ADC12DIV2;
                                  //使用采样定时器
    ADC12IE = 0x01;                      // 使能中断
    ADC12CTL0 |= ENC;                    // 转换使能
    ...
```

当工程被创建之后，在目标配置文件 MSP430F149. ccxml 中使用 USB 仿真器。

编译工程：菜单栏 Project→Build Active Project。如果编译成功，将看到如图
3.17 所示界面。

图 3.17　编译成功界面

(3) 配置图形显示和调试

打开调试器，装载工程到目标板上，单击菜单栏 Target→Debug Active Project，
如果配置正常，将看到如图 3.18 所示界面。

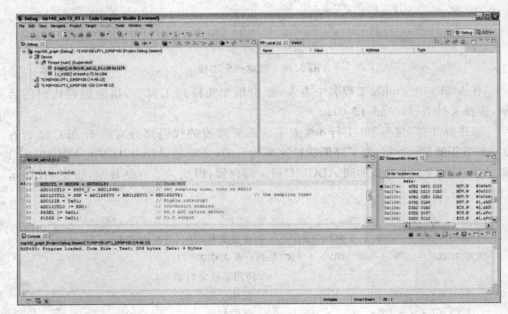

图 3.18　工程加载

在源窗口中,定位 48 行,双击来使能一个断点,将会看到一个小的蓝色的点 。

右击蓝色点,然后单击 Breakpoint Properties,这一步将配置程序运行到断点处会执行的操作。

在图 3.19 所示属性窗口中,单击 Value,选择 Refresh All Windows(更新所有的窗口),这将更新窗口,而不是在断点处完全终止程序。

图 3.19　断点属性

寄存器 ADC12MEM0 包含例程代码转换的结果,因此这个数值需要在图形窗口和观察窗口显示,单击 Tools→Graph→Single Time,配置如表 3.3 所列的选项。

表 3.3　属性配置选项

属　性	数　值
Acquisition Buffer Size	1
Dsp Data Type	16 bit unsigned integers
Q_value	12
Sampling Rate HZ	5
Start Address	ADC12MEM0
Time Display Unit	s

图形窗口在屏幕的底部,如果需要修改图形的属性,单击按钮 ▦ 。为了查看 ADC12MEM0 寄存器的数值,单击 Watch 窗口中的 new,键入 *(0x140),这个值表示 0x140 地址单元相应的内容。现在运行目标程序,在图形窗口和观察窗口就可以看到数据以动画的形式更新了。

2. 注意事项

有时图形显示中的数据看上去像是错误的,出现这个问题的主要原因是图形显示窗口不知道 ADC 电压的最大数值,实际上它是一个标准的数值,可以参考图形显示 Q 数值的设置方法。定点 Q 格式的文章在 wikipedia 网站链接中,其地址为:http://en. wikipedia. org/wiki/Q_(number_format)。

由于 ADC 只能达到 12 位,在图 3.20 显示中可以显示 16 位无符号整形(16 bit unsigned integers),Q 数值必须要设置,如果 Q 数值是默认的数值 0,Y 轴会显示 ADC 十进制的数值,相应的 ADC 输出范围 0~4 095。因此,为了在图形工具中更好地校正 ADC 输入电压,Q 数值设定为 12,当 ADC 数据等于 0xFFF 时,图形工具强制将其变为 1。这样图形显示中的数据就可以对应 ADC 输入电压的最大数值。例如,如果 ADC 最大电压(AVcc)是 2.8V,显示数据(0,2)、(0,4)、(0,6)和(0,8)对应的实际数据为(0,0.56V)、(0,1.12V)、(0,1.68V)和(0,2.24V)。

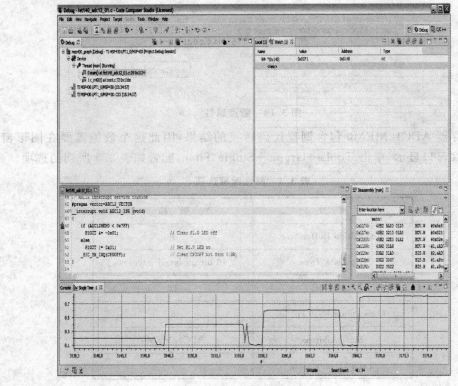

图 3.20　图形的最终显示

　　目前使用标准化数值设置,下一步 CCS 将使用图形工具的最大输入设置。有时在运行时改变图形工具的属性,会需要很长时间去更新,目前这个原因还在查找中。图形显示工具有自动缩放功能,由于测量输入的变化,默认的情况下,图形显示工具会自动缩放,这样在输入部分会有一些噪声,类似于示波器的 AC 耦合以及 DC 电平设置。例如,当输入一个固定的 DC 电压,电压可能会从 0.188 5 跳到 0.189 5。

　　关于 single time 属性的设置一定要正确,否则就会出错。例如,在主程序中设置对数据变量 data 的观测,如果要观测 data 的数据值内容,在 single time 属性框中的 start address(启始地址)就要设置为 &data,而不能是 data。CCS4.0 环境下测试的主程序代码如下:

```
unsigned char count;
unsigned char data;
void main(void)
{
  while(1)
  {
    if(count<128)
    {
    + + count;
    + + data;
    }
    if(count> = 128){data - - ;if(data = = 0)count = 0;}
}}
```

　　其中 data 是一个 8 位的变量,如图 3.21 所示,如果设置为每次读取 2 个字节大小的属性,显示的波形就会出错,如图 3.22 所示。因为每次读取到的数据有一个是空字节,所以每次显示的数据就会出现调变。

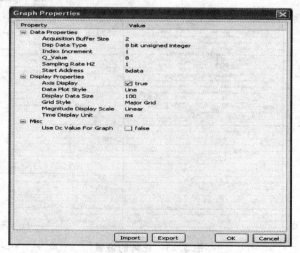

图 3.21　图形属性设置

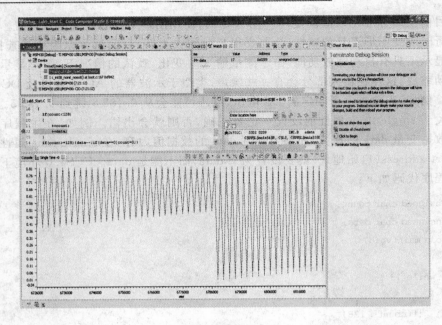

图 3.22   错误的设置

正确的设置应该为每次获取一个字节数据,如果设置 Q_Value 为 8,8 位无符号,如果当 Y 轴向显示的数据为 1 时,表示实际的 data 变量中的数据为 256,如果显示的数据为 0.5,则表示实际的 data 变量中的数据为 128。监测的图形 0~128 点数据波形如图 3.23 所示,可见设置是正确的。

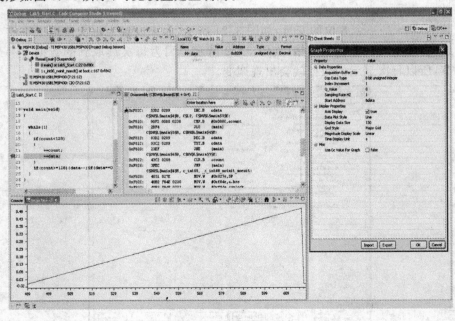

图 3.23   正确的设置

如果设置 Q_Value 为 10，8 位无符号，如果当 Y 轴向显示的数据为 1 时，表示实际的 data 变量中的数据为 1 024，如果显示的数据为 0.125（＝128×1/1 024），则表示实际的 data 变量中的数据为 128。监测的图形 0～128 点数据波形如图 3.24 所示，可见设置是正确的。

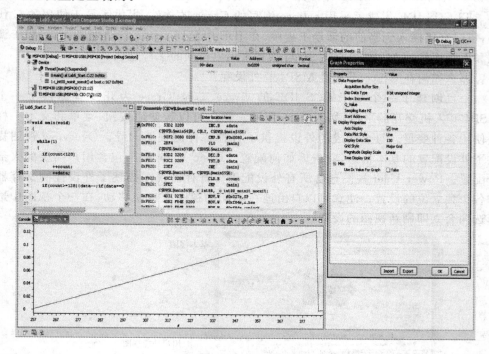

图 3.24　正确的设置

3.4.2　如何让程序写起来容易——MSP430 Grace 插件的使用

Grace 是 CCS 环境下的一个插件，如图 3.25 所示，可以帮助用户快速开发 MSP430 系列外设，通过使用向导，复制例程代码等方式可以节省用户大量的开发时间，这样用户可以将重点放在开发设计应用部分。

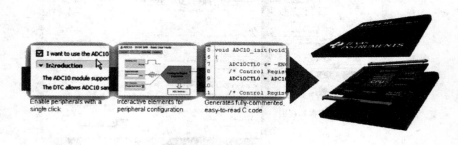

图 3.25　Grace 插件

　　在 Grace 软件中无缝集成了 MSP430 MCU 的集成模拟和数字外设,可以使能和配置 ADC、DAC、定时器、时钟和串行接口,以及文本编辑区和上下拉菜单等人机交互设置向导。Grace 支持通用的 MSP－EXP430G2 LaunchPad、eZ430－F2013 和 eZ430－RF2500 等 MSP430 系列常用的开发板。

　　TI CCS IDE 集成了采用 eclipse 编写的 Grace 的软件,提供了易于使用的 C 代码,可以直接插入到当前的活动工程中,在 IDE 中允许 Grace 自动生成代码,用于调试和下载固件到 MSP430 芯片中,可以省去用户繁琐的手写过程。

　　那么如何在 Grace 下配置 MSP430 外设呢?

　　一旦创建了一个基于 CCS IDE 的 Grace 工程,Grace 为开发者提供了一个 MSP430 人机交互的平台,如图 3.26 所示。用户可以像使用按钮、菜单和文本一样去使用各种变量。每个集成的外设提供了各种各样的视图向导。Overview 视图提供了外设配置的基本信息,并告诉如何配置。Basic View 视图包含用户需要的大部分配置。Power User 视图包含所有外设配置。寄存器视图描述了外设控制寄存器和各个独立位的设置。注意可以自由地在不同的视图窗口间移动,在一个视图中选择选向会立即刷新视图的设置。

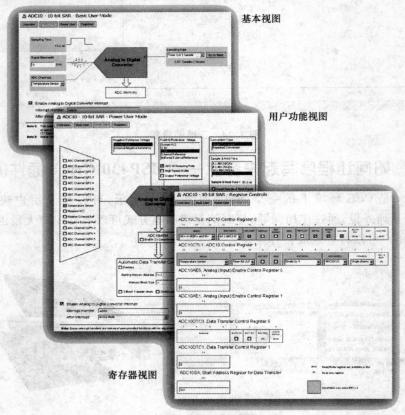

图 3.26　MSP430 人机交互的平台 Grace

当单击返回到主菜单时,系统会返回到初始的主菜单视图,如图 3.27 所示。主菜单图标在配置工具窗口的右上角。注意在 CCS 问题窗口也会弹出关于配置的警告。如果窗口不可见,可以通过选择来 Window→Show View→Problems 打开它。

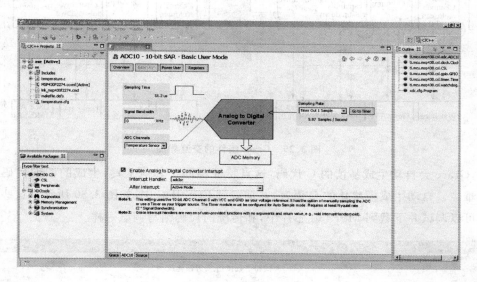

图 3.27　主菜单视图

Grace 集成的文档是基于现有的 MSP430 用户手册和说明书,可以减小用户读数百页的文档的时间,如图 3.28 所示。

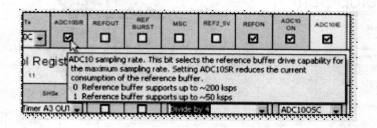

图 3.28　Grace 集成的文档

帮助工具提示集成到 Grace 组件的每个交互界面中(图 3.29),为用户提供有用的帮助信息来配置外设。防止冲突和错误的配置,开发人员启用和配置各种外围设备,Grace 将提供配置错误的即时通知。这确保外设之间的配置是一致的。编辑改变一个外设的配置时,外设的相应模块会做相应的调整。例如,改变 CPU 的时钟速度后,系统不会改变在通用串行通信接口模块中预先配置的波特率。

Grace 生成人性化的 C 代码,一旦使能外设,并根据应用配置之后,在编译的时

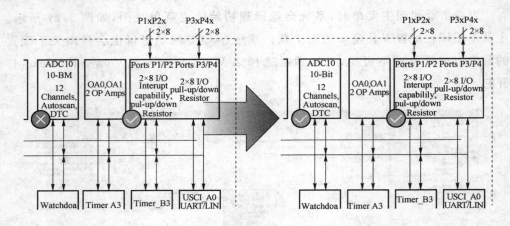

图 3.29　Grace 组件的交互界面

候,Grace 会自动生成易读的 C 代码,这点特征不同于其他工具,生成的汇编代码晦涩难懂。自动生成模块化的 C 语言,并加载到 CCS IDE 中,如图 3.30 所示。这些代码可以调试并下载到 MSP430 芯片中,和传统的代码编写调试一样。

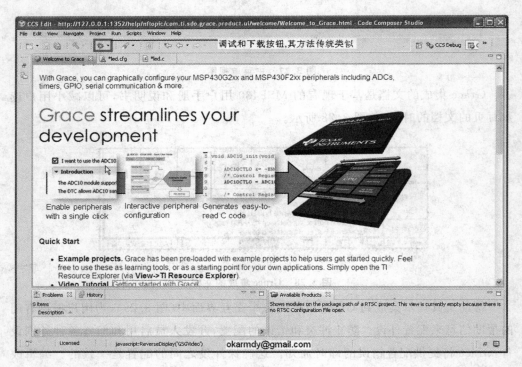

图 3.30　调试工程

Grace 支持大部分的 MSP430 单片机系列,提供可视化编程界面,如图 3.31 所示,集成外设诸如 ADC、DAC、运放、比较器、定时器和串行通信模块等。

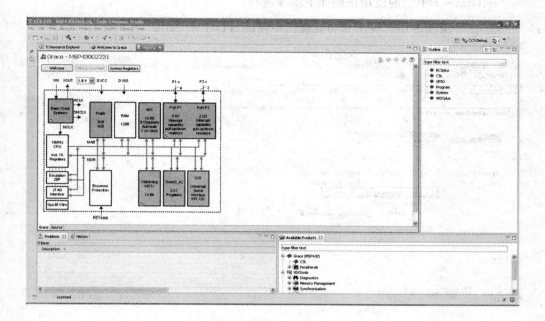

图 3.31　可编程化的界面

如何获得 Grace 呢？在 Grace 的安装步骤中，Grace 可以在 Grace Tool 文件夹中找到。那么如何创建 Grace 项目呢？为了配合 Grace，首先需要在 CCS 中创建一个工程。其步骤如下：

① 在 CCS 集成开发环境中，选择 File→New→CCS Project，为新的工程选择一个名字，单击 Next 按钮。

② 选择 MSP430 的工程类型，单击 Next 按钮。如果要打开的项目是以前的项目，那么直接选择为当前的项目，单击 Next 按钮即可。

③ 选择 Executable 作为输出类型，选择需要使用的芯片型号，其他的设置都是默认的，然后单击 Next 按钮。

④ 在 Grace 例程代码库中选择工程模版，单击"完成"按钮。

注意新工程向导创建新的工程，Grace 的文件会以 .cfg 扩展格式存在，当工程编译完成后，一个新的目录"./src/csl"（包含 .c 源文件的外设库）会添加到工程中，只需要在源代码汇中初始化 CSL_init( ) 函数，就可以在应用程序 main( ) 函数中调用它们了。为了让应用程序使用 Grace 生成内容，Grace 配置工具必须明确初始化代码，在 Main 函数一些标准的库函数，头文件必须包含 CSL header 文件：#include <ti/mcu/msp430/csl/CSL.h>。在 main 函数中也需要调用 CSL 初始化函数：CSL_init( )；注意：在中断使能后，CSL_init( ) 会被唤醒。

在 Grace 下中断的使用按照如下步骤进行。

① 在外围基本用户视图和功能视图中使能目标中断,如图 3.32 所示。

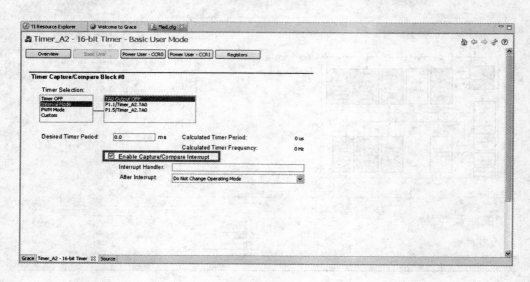

图 3.32　使能目标中断

② 输入中断函数名,如图 3.33 所示,这里不要添加函数类型和参数。

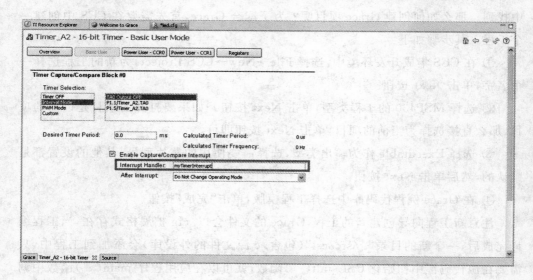

图 3.33　输入中断函数名

③ 用 C 语言书写中断函数,函数类型和参数通常为 void。手动模式的代码书写如图 3.34 所示。

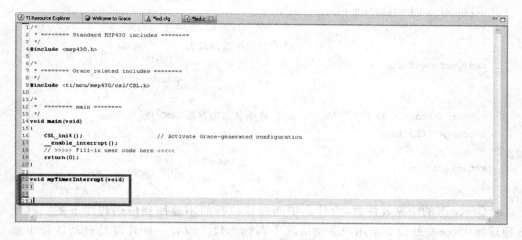

图 3.34　手动模式代码书写

④ 另外可以在 After Interrupt 下拉菜单下改变操作模式。注意:Grace 低功耗模式不支持中断嵌套。

在中断后改变操作模式主要是为了最大化地利用 MSP430 的低功耗模式,来降低功耗,同样可以在 After Interrupt 下选择一种低功耗模式,退出低功耗中断服务程序,选择下拉菜单的 Active Mode。中断的手动配置主要用于在运行过程中,需要改变中断的状态,首先设置图 3.35 中的选项栏 After Interrupt 为手动模式。

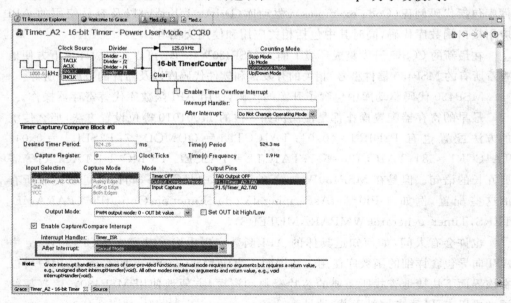

图 3.35　设置为手动模式

在中断服务程序中创建应用程序参考代码如下:

```
/** Timer0_A3 中断服务程序,设置定时器中断 */
```

```
unsigned short Timer_ISR (void)
{
                                    //初始化返回状态
unsigned short status = 0;
    ...
    ...
    if ( Foo == 0) {                //清除状态寄存器 LPM3 位
status = LPM3_bits
}
return status;
}
```

Grace 下的中断要注意，为什么中断持续执行而不返回到应用程序下呢？在处理过程中，一些外设要求用户手动清除中断标志位。而有一些外设是自动清除中断标志位，因此要注意查看芯片的应用手册。

3.5 MSP430Ware 软件库

3.5.1 MSP430Ware 概述

MSP430Ware 软件库为 MSP430 开发提供了一个简便的软件工具，MSP430 软件库包括代码例程（Code examples）、驱动库（Driver Library）以及容易使用的 API 应用接口函数库代码，同时其中包括相关应用和使用文档等。

在最新的 CCSv5 开发集成环境下插入 MSP430Ware 库，可以在集成环境下方便地查看所有的 MSP430 器件型号、相关的开发板和软件代码库以及器件的数据手册等。

MSP430 代码驱动库中包含了开源的代码，使用 API 函数库代替寄存器操作。

最早的寄存器配置操作都是使用例如 8 位的 11001010 等位设置方法，那么传统的方法配置也有 P2DIR | = 0x04；TA1CCTL1 = OUMOD_7；P2SEL | = 0x04；TA1CCR1=584；TA1CCR0=511；TA1CTL = TASSEL_1+MC_1+TACLR；等需要冗长的语句。但是在 MSP430Ware 下的驱动库中只需要一句话就可以完成所有的这些配置，例如，GPIO_setAsPeripheralModuleFunctionsOutputPin（PARAMETERS，Timer_generatePWMPARAMETERS）。

也许会有人问，如何知道具体的 API 函数实现内容？其实在 MSP430Ware 中 API 向导包含详细的函数库使用方法说明。集成 MSP430Ware 的 CCSv5，用户可以在该界面下快捷地查找所需要的芯片资料和资源，方便地使用 MSP430。感兴趣的读者可以去 TI 官方网站下载，地址为：http://www.ti.com/tool/msp430ware。

3.5.2 在新工程下使用软件库（DriverLib）

MSP430 外设驱动库是访问 MSP430 家族外设的完整代码，它不需要公共的芯片驱动架构以及完全相同的外围接口,它提供了一套简便使用外设的机制,所有的驱动代码都是完全使用 C 代码,提供了在所有模式下对外设使用的示例,可以被多个工具链编译。使用驱动库当然可以做一些代码尺寸或者代码速度的优化,它最大的好处是不需要读芯片用户手册,使得外设驱动的编写更加容易,来满足功能性的、处理性能的实际应用要求。每个 MSP430ware 驱动库 API 使用相应外设基地址的第一个参数,基地址可以从 MSP430 芯片手册的头文件或者数据手册得到。关于每个外设的例程代码,在使用 CCS 时,可以使用快捷键 Ctrl + Space 来寻求帮助。下面的例程代码支持两个工具链:IAR Embedded Workbench 和 Texas Instruments Code Composer Studio™。

为了在新的空的 CCS 工程下使用驱动库,可以先安装 MSP430Ware。安装之后可以在默认的文件夹路径下找到:C:\ti\msp430\MSP430ware_x_xx_xx_xx\examples\driverlib\5xx_6xx\emptyProject\IAR 和 C:\ti\msp430\MSP430ware_x_xx_xx_xx\examples\driverlib\5xx_6xx\emptyProject\CCS。

在空的工程添加 C:\ti\msp430\MSP430ware_x_xx_xx_xx 来包含驱动库,默认的 main. c 文件会是如下格式:

```
# include "inc/hw_memmap. h"
void main (void) { }
```

3.5.3　MSP430Ware 驱动库使用例程

下面举例说明驱动库的使用,这里只说明 ADC12、REF 和 RTC 模块在 MSP430WARE 库下的使用以及相关的函数介绍。

1. 12 位 ADC 转换器功能模块使用

使用 MSP430Ware 的 ADC12 API 可以方便地使用 12 位 ADC。API 函数库提供了 ADC12 模块的初始化代码、信号源配置、ADC12 模块中断管理,以及每个缓存区的参考电压等。ADC12 模块可以将给定的参考电压从模拟量变成数字值。ADC12 可以检测从 0 到 Vcc 的输入信号,分辨率分别为 8 位、10 位和 12 位,同时可以在 16 个不同的缓存区中存储转换的结果,它可以在两种不同的采样模式下工作,有 4 种转换模式。采样模式有扩展采样和脉冲采样。在扩展采样模式中,采样/保持信号必须在采样过程中为高电平,然而在脉冲采样模式中,采样定时器配置为在采样/保持信号的上升沿开始采样,同时采样一定时钟周期。4 种转换模式是单通道单次转换、连续通道的单次转换、重复单通道转换和重复多通道转换。ADC12 模块能产生多个中断。驱动库代码在文件夹的目录 driverlib/5xx_6xx/adc12. c,在目录 driverlib/5xx_6xx/adc12. h 中包含 API 函数定义的头文件。

ADC12 API 函数分成 3 组,包括初始化和转换、中断处理以及 ADC12 转换相关函数。ADC12 初始化和转换函数包括:ADC12_init,ADC12_memoryConfigure,

ADC12_setupSamplingTimer，ADC12_disableSamplingTimer，ADC12_startConversion，ADC12_disableConversions，ADC12_readResults，ADC12_isBusy。ADC12 中断函数包括：ADC12_enableInterrupt，ADC12_disableInterrupt，ADC12_clearInterrupt，ADC12_getInterruptStatus。ADC12 转换相关函数包括：ADC12_setResolution，ADC12 _ setSampleHoldSignalInversion，ADC12 _ setDataReadBackFormat，ADC12_enableReferenceBurst，ADC12_disableReferenceBurst，ADC12_setReferenceBufferSamplingRate，ADC12 _ enable，ADC12 _ disable，ADC12 _ getMemoryAddressForDMA。

下面的代码显示如何初始化 ADC12 来开启单通道采样。

```
//初始化 ADC12,使用内部晶体
ADC12_init (__MSP430_BASEADDRESS_ADC12__,
ADC12_SAMPLEHOLDSOURCE_SC,ADC12_CLOCKSOURCE_ADC12OSC,ADC12_CLOCKDIVIDEBY_1);
//开启 ADC12
ADC12_enable(__MSP430_BASEADDRESS_ADC12__);
//配置采样定时器来采样和保持 16 个时钟周期
ADC12_setupSamplingTimer (__MSP430_BASEADDRESS_ADC12__,
ADC12_CYCLEHOLD_64_CYCLES,ADC12_CYCLEHOLD_4_CYCLES,FALSE);
//配置输入缓存区中的参考电压
ADC12_memoryConfigure (__MSP430_BASEADDRESS_ADC12__,ADC12_MEMORY_0,ADC12_INPUT_A0,
ADC12_VREF_AVCC, // Vref+  = AVcc
ADC12_VREF_AVSS, // Vref-  = AVss
FALSE);
while (1)
{
//开始单次转换
ADC12_startConversion (__MSP430_BASEADDRESS_ADC12,ADC12_MEMORY_0,ADC12_SINGLECHAN-
NEL);
//等待中断完成
while( ! (ADC12_getInterruptStatus(__MSP430_BASEADDRESS_ADC12__,ADC12IFG0)));
//清除中断标志,开启下次转换
ADC12_clearInterrupt(__MSP430_BASEADDRESS_ADC12__,ADC12IFG0);
}
```

2. 内部参考源(REF)

MSP430Ware REF API 提供了一套使用内部参考源(REF)的函数。这些函数用来配置和使能参考电压,使能或关闭内部温度传感器,以及查看内部 REF 模块的工作状态。内部参考源 REF 主要为模拟外设提供参考,包括 ADC10_A、ADC12_A、DAC12_A、LCD_B 和 COMP_B 模块等。参考系统的核心是带隙,所有其他的参考都是由其衍生出来。REFGEN 子系统包括带隙、带隙偏置和非反相缓冲阶段,主要产生 3 个电压,分别为 1.5 V、2.0 V 和 2.5 V。另外,在使能的情况下,缓冲带隙电压是可以用的。

驱动代码在目录 driverlib/5xx_6xx/ref.c 中,driverlib/5xx_6xx/ref.h 文件包括 API 函数头文件。

DMA API 分成 3 组函数用来处理参考电压,包括内部温度传感器。参考电压模块由 REF_setReferenceVoltage,REF_enableReferenceVoltageOutput,REF_disableReferenceVoltageOutput,REF_enableReferenceVoltage,REF_disableReferenceVoltage 函数来处理。内部温度传感器由 REF_disableTempSensor,REF_enableTempSensor 函数来处理。REF 状态模块由 REF_getBandgapMode,REF_isBandgapActive 函数来处理。常用的内部参考(REF)函数还有 REF_isRefGenBusy 和 REF_isRefGen。

下面的例子用来初始化 REF API 函数,为 ADC12 模块的模拟输入信号提供参考源。

```
// 默认的, REFMSTR = 1 => REFCTL 用来配置内部参考
// 如果参考忙,则等待
while(REF_refGenBusyStatus(__MSP430_BASEADDRESS_REF__));
// 选择内部参考电压为 2.5V
REF_setReferenceVoltage(__MSP430_BASEADDRESS_REF__,REF_VREF2_5V);
// 内部参考开启
REF_enableReferenceVoltage(__MSP430_BASEADDRESS_REF__);
__delay_cycles(75); // 延时(大约 75 μs)来等待 Ref 配置过程
// 初始化 ADC12 模块
// ADC12 模块基地址,使用内部 ADC12 的采样、保持信号来开始转换,使用 MODOSC 5MHz 数字
// 振荡器来作为时钟源,使用默认时钟分频系数 1
ADC12_init(__MSP430_BASEADDRESS_ADC12_PLUS,ADC12_SAMPLEHOLDSOURCE_SC,ADC12_CLOCK-
SOURCE_ADC12OSC,ADC12_CLOCKDIVIDEBY_1);
// ADC12 模块基地址,存储器缓存区 0～7 采样/保持 64 个时钟周期,存储器缓存区 8～15 采
// 样/保持 4 个时钟周期,关闭多通道采样
ADC12_setupSamplingTimer(__MSP430_BASEADDRESS_ADC12_PLUS__,
ADC12_CYCLEHOLD_64_CYCLES,ADC12_CYCLEHOLD_4_CYCLES,ADC12_MULTIPLESAMPLESENABLE);
//配置存储器缓存区
// ADC12 模块基地址配置缓存区 0,将输入 A0 映射到缓存区 0
Vref + = Vref + (INT)
Vref - = AVss
ADC12_memoryConfigure(__MSP430_BASEADDRESS_ADC12_PLUS__,ADC12_MEMORY_0,ADC12_INPUT
_A0,ADC12_VREFPOS_INT,ADC12_VREFNEG_AVSS,ADC12_NOTENDOFSEQUENCE);
while (1)
{
//使能/开始采样和转换
```

```
//内部(REF) ADC12 模块基地址。在缓存区 0 开始转换,使用单通道单次转换模式
ADC12_startConversion(__MSP430_BASEADDRESS_ADC12_PLUS, ADC12_MEMORY_0, ADC12_SIN-
GLECHANNEL);
// 在缓存区 0 轮询中断
while(! ADC12_interruptStatus(__MSP430_BASEADDRESS_ADC12_PLUS__ , ADC12IFG0));
__no_operation();
//设置断点
}
```

3. 实时时钟(RTC)

MSP430Ware RTC 模块提供了一套关于 RTC API 的函数。这些函数可以校准时钟,在日历模式初始化 RTC 模块,使能 RTC 中断等。如果使用 RTC_A 模块,计数器模式必须也要初始化。RTC 模块在日历模式下能够实时追踪当前时间和日期,在 RTC_A 下可以配置为 32 位计数器。

RTC 模式产生多个中断,有 2 个中断在日历模式下使用。一个中断在计数器模式下用于计数溢出,另一个中断用于时钟分频。RTC 驱动库在目录文件夹 driverlib/5xx_6xx/rtc.c 中, driverlib/5xx_6xx/rtc.h 文件包括 API 函数定义的头文件。RTC API 函数分成 4 组,包括时钟设置、日历模式、计数器模式和中断的使能与配置。

RTC 时钟设置函数如下:RTC_startClock,RTC_holdClock,RTC_setCalibrationFrequency,RTC_setCalibrationData。

RTC 日历模式初始化和配置函数如下:RTC_calenderInit,RTC_getCalenderTime,RTC_getPrescaleValue,RTC_setPrescaleValue。

RTC 计数器模式(只有 RTC_A 具有)初始化和设置如下:RTC_counterInit,RTC_getCounterValue, RTC_setCounterValue, RTC_counterPrescaleInit, RTC_counterPrescaleHold,RTC_counterPrescaleStart,RTC_getPrescaleValue,RTC_setPrescaleValue。

RTC 中断由如下函数设置:RTC_setCalenderAlarm,RTC_setCalenderEvent,RTC_definePrescaleEvent,RTC_enableInterrupt,RTC_disableInterrupt,RTC_getInterruptStatus,RTC_clearInterrupt。

只有 RTC_B 具有的 API 函数如下:RTC_convertBCDToBinary,RTC_convertBinaryToBCD。

下面的代码显示如何初始化 RTC,使用当前时间和变量配置 RTC,API 为日历模式。

```
Calendar currentTime;
WDT_hold(__MSP430_BASEADDRESS_WDT_A);
P1DIR | = BIT0;                          // 设置 P1.0 为输出
// 初始化 LFXT1
P7SEL | = 0x03;                          // 选择 XT1
```

```
UCSCTL6 & = ~(XT1OFF);          // XT1 开启
UCSCTL6 | = XCAP_3;             // 使用内部负载电容
// 循环直到 XT1、XT2 和 DCO 错误标志清零
do
{
UCSCTL7 & = ~(XT2OFFG + XT1LFOFFG + XT1HFOFFG + DCOFFG);
// 清除 XT2、XT1 和 DCO 错误标志
// 清除 SFR 错误标志
SFR_clearInterrupt(__MSP430_BASEADDRESS_SFR,OFIFG);
// 测试晶振失效否?
}while (SFR_interruptStatus(__MSP430_BASEADDRESS_SFR__,OFIFG));
// 配置当前日历时间
currentTime.Seconds = 0x00;
currentTime.Minutes = 0x26;
currentTime.Hours = 0x13;
Real - Time Clock (RTC)
currentTime.DayOfWeek = 0x03;
currentTime.DayOfMonth = 0x20;
currentTime.Month = 0x07;
currentTime.Year = 0x2011;
// 初始化 RTC 日历模式
// 初始化使用 BCD 日历寄存器格式
RTC_calendarInit (__MSP430_BASEADDRESS_RTC,currentTime,RTC_FORMAT_BCD);
// 配置日历报警时间,每周第 5 天下午 5 点
RTC_setCalendarAlarm (__MSP430_BASEADDRESS_RTC,0x00,0x17,RTC_ALARM_OFF,0x05);
// 每秒产生一次中断
RTC_setCalendarEvent (__MSP430_BASEADDRESS_RTC,RTC_CALENDAREVENT_MINUTECHANGE);
// RTC 准备状态中断使能,准备读日历寄存器,同时使能日历报警和日历事件。
RTC_enableInterrupt (__MSP430_BASEADDRESS_RTC,RTCRDYIE + RTCTEVIE + RTCAIE);
// 开启 RTC 时钟
RTC_startClock(__MSP430_BASEADDRESS_RTC__);
```

第二篇　应用设计部分

第 **4** 章

TI FRAM 功能模块程序设计
及常见问题解答

4.1 实验板原理图

MSP430FR5739IRHA 引脚图如图 4.1 所示。MSP – EXP430FR5739 实验板的原理设计图如图 4.2 所示。MSP – EXP430FR5739 实验板的物料清单如表 4.1 所列。

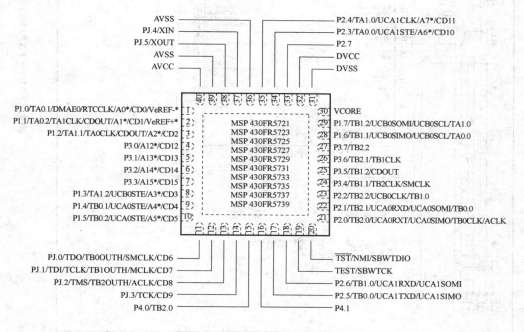

图 4.1 MSP430FR5739 引脚图

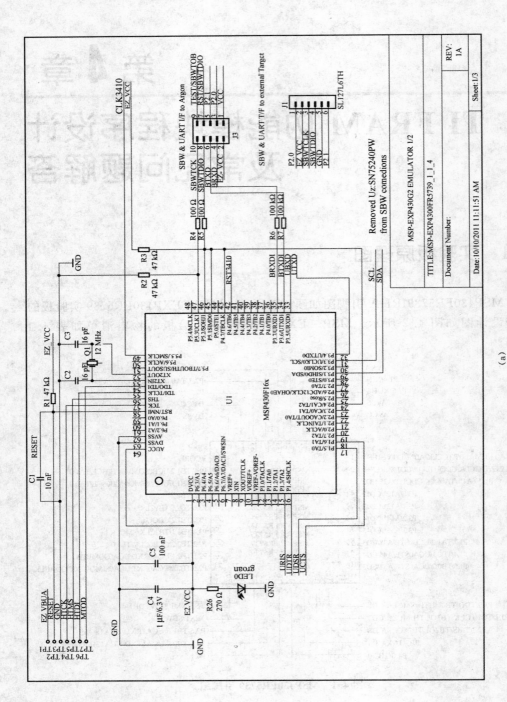

图 4.2　MSP - EXP430FR5739 实验板原理图

(a)

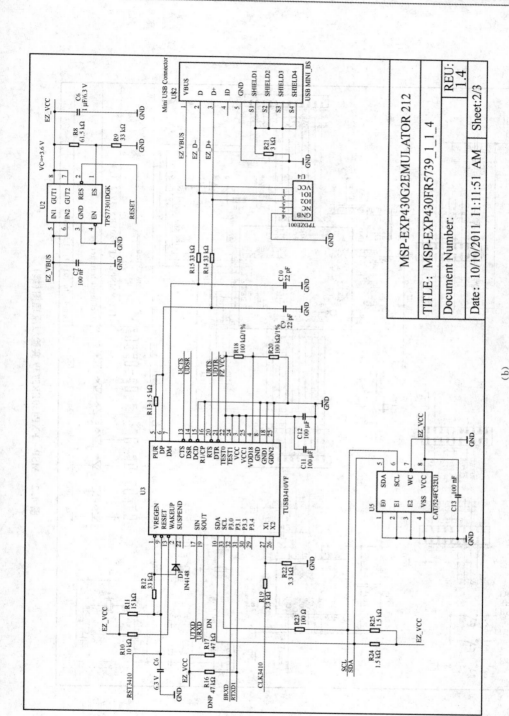

(b)

图 4.2　MSP - EXP430FR5739 实验板原理图 (续)

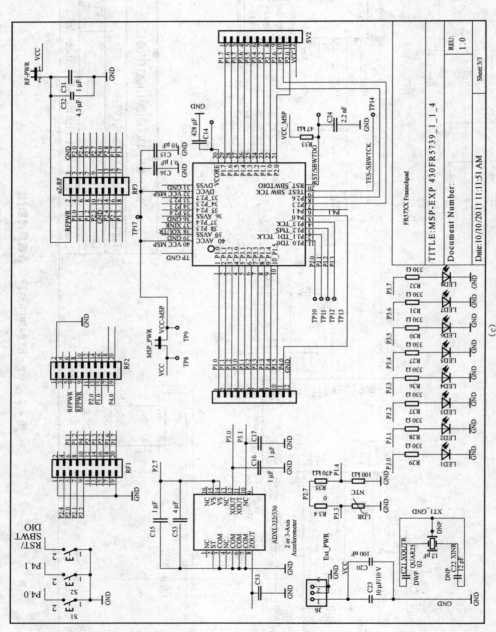

图 4.2　MSP-EXP430FR5739 实验板原理图（续）

(c)

表 4.1　物料清单

	器件名	板上编号	描　述
1	C1	1	10 nF
2	C2,C3	2	16 pF
3	C4,C6,C8	3	10 μF/6.3 V
4	C5,C7,C11,C12,C13	5	100 pF
5	C15,C16,C17,C18,C20,C31,C58	7	100 nF
6	C9,C10	2	22 pF
7	C14	1	470 nF
8	C19	1	10 μF
9	C21,C22	0	12 pF
10	C23	1	10 μF/10 V
11	C24	1	2.2 nF
12	C32,C53	2	4.7 μF
13	D1	1	1N4148
14	FR5739	1	FR5739 – RHA40
15	J3	1	2x05 Pin Header Male
16	J4	[1]	SL127L6TH
17	J6	1	3 – pin header. make. TH
18	LDR	0	Do not populate
19	LED0	1	LED GREEN 0603
20	LED – LED8	8	LED BLUE 470NM 0603 SMD
21	MSP_PWR	1	2 – pin header. make. TH
22	NTC	1	100 kΩ
23	Q1	1	12 MHz
24	Q2	1	Crystal
25	R1,R2,R3,R16,R17,R33	4	47 kΩ
26	R4,R5,R6,R7,R23	4	100 Ω
27	R8	1	61.5 kΩ
28	R12	1	33 kΩ
29	R9	1	30 kΩ

续表 4.1

	器件名	板上编号	描　述
30	R10	1	10 kΩ
31	R11	1	15 kΩ
32	R13,R24,R25	3	1.5 kΩ
33	R14,R15	2	33 Ω
34			
35	R18,R20	2	100 kΩ/1%
36	R19,R22	2	3.3 kΩ
37	R21	1	33 kΩ
39	R26	1	270 Ω
40	R27,R28,R29, R30,R31,R32, R36,R37	8	330 Ω
41	R34	0	0 Ω
42	R35	1	470 kΩ
43	RF1,RF2	2	
44	RF3	0	eZ‐RF 连接 EXP‐F5438 板
45	RF_PWR	1	RF_PWR
46	S1,S2,	2	
47	RST	1	
48	SV1,SV2	2+[2]	12‐pin header. TH
49	U$2	1	USB_MINI_B5
50	U1	1	USB_MINI_B8
51	U2	1	TPS77301DGK
52	U3	1	TUSB3410VF
53	U4	1	TPD2E001
54	U5	1	CAT24FC32UI
55	U6	1	ADXL335

一般情况下为了校验系统是否正常工作,可以采用如下的简单例程配置 MSP430FR57xx 芯片的 MCLK 操作在 8 MHz 频率下,设置 ACLK = SMCLK = MCLK=8 MHz,让 ACLK 引脚(P2.0)输出 8 MHz 的频率。完整的例程代码如下:

```
// ******************************************************************
//          MSP430FR57x
//          _____
//      /|\|                |
```

```
//      |          |
//  -- |RST       |
//      |          |
//      |          |
//      |        P2.0 |---＞ ACLK = MCLk = 8MHz
//编译环境：IAR Embedded Workbench Version：5.10 和 Code Composer Studio V4.0
// **********************************************************************
# include "msp430fr5739.h"
void main(void)
{
  WDTCTL = WDTPW + WDTHOLD;              //停止 WDT
  CSCTL0_H = 0xA5;
  CSCTL1 | = DCOFSEL0 + DCOFSEL1;        //设置最大的 DCO
  CSCTL2 = SELA_3 + SELS_3 + SELM_3;     //设置 ACLK = MCLK = DCO
  CSCTL3 = DIVA_0 + DIVS_0 + DIVM_0;
  P2OUT = 0;                             //输出 ACLK
  P2DIR | = BIT0;
  P2SEL1 | = BIT0;
  P2SEL0 | = BIT0;
  while(1);
}
```

4.2　I/O 口寄存器以及程序设计

　　本部分介绍数字 I/O,包括其寄存器操作和 I/O 配置以及 LPMx.5 低功耗模式。数字 I/O 接口功能,包括:独立可编程的 I/O 管脚;可以以任意配置为输入或输出形式;可以独立地设置 P1 和 P2 口中断;独立的输入、输出数据寄存器;独立可配置的上拉或下拉电阻配置。MSP430FR 系列包括 12 组数字 I/O(从 P1 到 P11 和 PJ),一般情况下,每组 I/O 都包括 8 个 I/O 线,每个 I/O 线支持独立的可配置的输入或者输出方向,支持上拉或者下拉电阻配置,可以独立地读或者写。端口 P1 和 P2 支持独立的中断,每个中断可单独配置为使能,以及输入信号的上升沿或者下降沿中断。所有的 P1 I/O 口有一个独立的中断向量 P1IV。并且 P2 接口的中断都来源于另外一个中断向量 P2IV。端口配对 P1/P2、P3/P4、P5/P6 及 P7/P8 等联合起来分别叫作 PA、PB、PC 及 PD 等。当进行字操作写入 PA 口时,所有的 16 位都被写入这个端口。利用字节操作写入 PA 口的低字节时,高字节保持不变。类似地,使用字节指令写入 PA 口高字节时,低字节将保持不变。其他端口也是一样的,当写入端口的数据长度小于最大长度时,那些没有用到的位保持不变。利用字操作读取端口 PA 可以使所有 16 位数据传递到目的地址。利用字节操作读取端口 PA(P1 或者 P2)的高字节或者低字节并且将它们存储到存储器时可以只把高字节或者低字节分别传递到目的地。利用字节操作读取 PA 口数据并写入通用寄存器时整个字节都被写入寄存器中最不重要的字节。端口 PB、PC、PD 和 PE 都可以进行相同的操作。当从端口读入的数据长度小于最大长度时，那些没有用到的位被视零，PJ 口也是一样的。

4.2.1 I/O 口寄存器操作

数字 I/O 接口可以通过软件配置。数字 I/O 接口的设置和操作将在以下部分进行说明。

1. 输入寄存器 PxIN

当 I/O 管脚被配置为普通 I/O 口时，寄存器 PxIN 对应 I/O 口的信号输入变化，其位为 0 表示输入为低；如果其位为 1，则输入为高。注意：写只读寄存器 PxIN 会导致在写操作被激活的时候电流的增加。

2. 输出寄存器 PxOUT

当 I/O 管脚被配置为普通 I/O 口并且为输出方向时，寄存器 PxOUT 对应 I/O 口的输出值。其位为 0，表示输出为低；其位为 1，表示输出为高。如果管脚被配置为普通 I/O 功能并且为输入方向时，寄存器 PxOUT 用于设置对应管脚的上拉或者下拉方式。如果位为 0，表示下拉；如果为 1，表示上拉。

3. 方向寄存器 PxDIR

PxDIR 寄存器中的每一位选择相应管脚的输入输出方向，其位为 0，则管脚设置为输入方向；其位为 1，则管脚设置为输出方向。

4. 上拉/下拉电阻使能寄存器 PxREN

PxREN 寄存器中的每一位可以使能相应 I/O 管脚的上拉/下拉寄存器。PxOUT 寄存器中相应的位选择管脚是否上拉或者下拉。如果位为 0，则上拉/下拉电阻关闭；如果位为 1，则上拉/下拉电阻使能。表 4.2 总结列出了 I/O 口配置时 PxDIR、PxREN 和 PxOUT 寄存器的用法。

表 4.2 I/O 口配置

PxDIR	PxREN	PxOUT	I/O 配置
0	0	x	输入功能
0	1	0	输入电阻下拉
0	1	1	输入电阻上拉
1	x	x	输出

5. 功能选择寄存器 PxSEL0、PxSEL1

每个端口使用 2 个位来选择引脚状态。I/O 端口和 3 个可选的外围功能模块如表 4.3 所列。每一个 PxSEL 位用于选择引脚功能，I/O 端口或者外围模块功能。

表 4.3　I/O 功能选择

PxSEL1	PxSEL0	I/O 功能
0	0	通用 I/O 口
0	1	主模块功能
1	0	第二模块功能
1	1	第三模块功能

配置 PxSEL1 或者 PxSEL0 位不会自动设置引脚的方向,其他的功能模块会根据功能模块的要求来设置 PxDIR 位。当端口选择为连接输入到外设功能模块,那么输入信号会被锁存。当 PxSEL1 和 PxSEL0 不是"00",内部的输入信号跟随所连模块引脚的信号。但是如果 PxSEL1 和 PxSEL0 都为"00",在它们复位后,将在输入端口保持输入信号的数值,由于 PxSEL1 和 PxSEL0 位不在连续的地址上,不可能同时一次性改变这两个位。例如,实际例子中期望改变 P1.0 口从通用的 I/O 口为三态的内部逻辑结构,初始化时 P1SEL1 为 00h,P1SEL0 为 00h。为了改变这个功能设置,有必要重新写入配置 P1SEL1 为 01h,P1SEL0 为 01h。但是,没有一个中间配置过程,这种配置不可能。从应用的角度,这是不可取的,PxSELC 辅助寄存器可以用来处理这类配置。PxSELC 寄存器始终读为零,PxSELC 寄存器的每个位分别作为 PxSEL1 和 PxSEL0 位的辅助寄存器。在上述情形下,P1SEL1 和 P1SEL0 为 00h,系统初始化,写 P1SELC = 01h,P1SEL1 = 01h 和 P1SEL0 = 01h。注意:当 PxSEL1=1 或 PxSEL0=1 时,P1 和 P2 中断被关闭。

当 PxSEL 位被置位后,相应的引脚的中断功能被关闭,因此,不论在 P1IE 或者 P2IE 位的状态设置,在 P1 或者 P2 口的信号输入不会产生中断。

6. P1 和 P2 端口中断

当配置了 PxIFG、PxIE 和 PxIES 寄存器后,P1 和 P2 口的每一个管脚都具有中断功能。

所有的 P1 口中断标志位都是区分优先级并指向同一个中断向量,例如 P1IFG.0 具有最高相应优先级。最高优先级使能中断后在 P1IV 寄存器中产生一个中断号。关闭 P1 口中断并不会影响 P1IV 寄存器中的值。P2 口具有相同的功能。PxIV 寄存器只能字访问。

PxIFGx 寄存器的每一位都对应 I/O 管脚的中断标志位,并且当该管脚被选择为中断触发沿产生时被置位。当相应的 PxIE 寄存器和 GIE 寄存器位被置位时,所有的 PxIFGx 中断标志寄存器都可以请求一个中断。软件同样可以使 PxIFG 标志位置位,这就提供了一种由软件产生中断的方法。如果位为 0,则没有中断等待响应;如果位为 1,则有中断等待响应。只有电平的跳变才能产生中断。如果在一个 Px 口中断服务程序执行期间或者 Px 口中断服务程序的 RETI 指令执行之后有任何一个 PxIFGx 位被置位,这个中断标志位就会触发另外一个中断。这样就可以保证每一个跳变都可以被识别。

注意，当 PxOUT、PxDIR 或者 PxREN 寄存器值改变时的 PxIFG 标志位的状态如下：写 P1OUT、P1DIR、P1REN、P2OUT、P2DIR 或者 P2REN 寄存器会导致相应的 P1IFG 或者 P2IFG 标志位置位。任何对 P1IV 寄存器的读/写和访问操作都会自动使最高优先级中断标志位复位。如果另外一个中断标志位也被置位，在响应完已发起的中断以后立即触发另外一个中断。例如，假设 P1IFG.0 拥有最高优先级，如果中断服务程序访问 P1IV 寄存器时 P1IFG.0 和 P1IFG.2 被置位，P1IFG.0 会自动复位。当中断服务程序的 RETI 指令执行以后，P1IFG.2 标志位会触发另外一个中断。P2 口中断与此类似。

(1) P1IV、P2IV 软件代码

以下的软件例程展示了 P1IV 的推荐用法和处理方式。P1IV 的值被加入到程序计数器中并自动跳转到中断服务程序。P2IV 与此相似。右边空白处的数字显示了每条指令执行所必须消耗的 CPU 周期。软件处理不同的中断源的开销包括中断延迟和中断返回周期，但不包括任务运行处理的时间。

```
;P1 中断服务程序
P1_HND ... ;中断延迟
ADD &P1IV,PC ;
RETI ; Vector 0：无中断 5
JMP P1_0_HND ；向量 2：端口 1 位 0 2
JMP P1_1_HND ；向量 4：端口 1 位 1 2
JMP P1_2_HND ；向量 6：端口 1 位 2 2
JMP P1_3_HND ；向量 8：端口 1 位 3 2
JMP P1_4_HND ；向量 10：端口 1 位 4 2
JMP P1_5_HND ；向量 12：端口 1 位 5 2
JMP P1_6_HND ；向量 14：端口 1 位 6 2
JMP P1_7_HND ；向量 16：端口 1 位 7 2
P1_7_HND ；向量 16：端口 1 位 7
... ；任务开始
RETI ；返回主程序
P1_6_HND ；向量 14：端口 1 位 6
... ;
RETI ；返回主程序
P1_5_HND ；向量 12：端口 1 位 5
... ；任务开始
RETI ；返回主程序
P1_4_HND ；向量 10：端口 1 位 4
... ；任务开始
RETI ；返回主程序
P1_3_HND ；向量 8：端口 1 位 3
... ；任务开始
```

RETI；返回主程序

P1_2_HND；向量 6：端口 1 位 2

…；任务开始

RETI；返回主程序

P1_1_HND；向量 4：端口 1 位 1

…；任务开始

RETI；返回主程序

P1_0_HND；向量 2：端口 1 位 0

…；任务开始

RETI；返回主程序

（2）中断触发沿选择寄存器 P1IES、P2IES

PxIES 寄存器的每一位用于选择相应的 I/O 管脚中断沿触发方式。如果位为 0，则上升沿将使 PxIFGx 中断标志位置位；如果位为 1，则下降沿将 PxIFGx 中断标志位置位。注意：写 P1IES 和 P2IES 可以导致相应中断标志位置位。表 4.4 显示了相关的配置。

表 4.4　中断触发沿选择寄存器的配置

PxIES	PxIN	PxIFG
0→1	0	置位
0→1	1	保持不变
1→0	0	保持不变
1→0	1	置位

（3）中断时能寄存器 P1IE、P2IE

PxIE 寄存器的每一位对应 PxIFG 中断标志位。如果位为 0，表示中断关闭；如果位为 1 表示中断使能。

7. 配置未使用的端口管脚

未使用的 I/O 管脚应被设置为普通 I/O 功能、输出方向并且在 PCB 板上不连接这些管脚，以防止外部浮动的输入，同时降低功耗。因为这些管脚没有被连接，所以它们 PxOUT 的输出值没有必要在意。另外，通过设置 PxREN 寄存器来使能上拉/下拉电阻来防止外部异常的输入干扰。注意：PJ 端口和 JTAG 管脚复用，在应用中特别注意保证 PJ 口正确配置以防范外部浮动输入的干扰。因为 PJ 端口与 JTAG 复用，在仿真调试环境中外部异常的浮动输入可能不会被注意到。默认情况下 PJ 端口被初始化为高阻态。

8. I/O 配置和 LPMx. 5 低功耗模式

注意：LPMx.5 低功耗模式不是在所有的芯片中都具有这一功能，LPM4.5 低功耗模式不需要内部时钟。LPM3.5 功耗模式允许 RTC 模式工作在最低的功耗下。

在进入 LPMx.5(LPM3.5 或者 LPM4.5)模式时电源管理调整管是关闭的,这会导致所有的 I/O 寄存器配置丢失,由于 I/O 寄存器配置的丢失,I/O 引脚的配置必须在进入和退出 LPMx.5 模式时,设置上有所不同。正确地设置 I/O 引脚的关键是要实现在 LPMx.5 模式下的低功耗,同时防止任何可能的不受控的输入/输出影响 I/O 口状态,下面详细讲述进入和退出 LPMx.5 模式时,I/O 口的操作配置。

① 设置所有的 I/O 口产生通用的 I/O,每个 I/O 口可以设置为输入高阻,输入端口电阻下拉,输入端口电阻上拉,输出端口电流强度设置等。在应用中,不要让引脚设置为输入悬空。配置所有的 I/O 确保每个引脚的优先级高于 LPMx.5。另外配置输入引脚中断唤醒 LPMx.5,为了让芯片从 LPMx.5 模式唤醒,通用的 I/O 端口必须有输入端口中断的功能。不是所有的 GPIO 口都能将芯片从 LPMx.5 唤醒,相关的引脚需要配置为输入,根据应用的需要可以将引脚配置为电阻上拉或者下拉方式。设置 PxIES 相应的位来判断唤醒电平的上升沿或者下降沿中断,端口的 Px-IE 位必须中断使能。

② 进入 LPMx.5 模式,需要按照 LPMx.5 进入时序,使能通用 GPIO 口的中断唤醒。

```
MOV.B ♯PMMPW_H, &PMMCTL0_H ;              //打开 PMM 寄存器用于写操作
BIS.B ♯PMMREGOFF, &PMMCTL0_L ;
BIS ♯GIE + CPUOFF + OSCOFF + SCG1 + SCG0,SR ;//当 PMMREGOFF 被置位后,进入 LPMx.5
```

③ 在进入 LPMx.5 后,在 PMM 模块的 PM5CTL0 寄存器中 LOCKLPM5 位是自动配置的,在进入 LPMx.5 后,I/O 引脚的状态是处于保持和锁住状态。请注意只有引脚的状态是处于保持状态,所有其他的端口配置寄存器设置,如 PxDIR、PxREN、PxOUT、PxDS、PxIES 和 PxIE 的内容都丢失。

④ 外部的边沿信号输入到引脚上,会唤醒 LPMx.5 模式,此后将启动 BOR,所有的外设寄存器置位到默认的状态,在退出 LPMx.5 后,LOCKLPM5 处于置位的时候,I/O 引脚保持锁住状态。无论 I/O 寄存器的默认状态设置,要确保所有的引脚在进入激活模式下时保持稳定。

⑤ 一旦工作在活动模式,I/O 口配置和 I/O 中断的优先级高于 LPMx.5,它们的状态不会被保持,推荐重新配置 PxIES 和 PxIE 为以前的值,防止错误的端口中断,LOCKLPM5 位会被清零,这样会释放 I/O 口状态和 I/O 口中断配置。当 LOCKLPM5 被置位后,改变端口寄存器的配置不会对引脚影响。

⑥ 在使能 I/O 中断后,I/O 中断会被唤醒,通过 PxIFG 标志可以判断中断状态,这些中断标志可以直接使用,或者使用相应的 PxIV 寄存器。在 LOCKLPM5 被清零后,PxIFG 不能被清零。

⑦ 为了重新进入 LPMx.5,必须事先将 LOCKLPM5 位清零,否则 LPMx.5 不会进入。

注意,在多个端口上可能会有多个事件发生,这种情况下,多个 PxIFG 标志会被置位,但是不能判断到底是哪个引起 I/O 口唤醒。

9. 数字 I/O 寄存器

芯片所有数字 I/O 端口寄存器在芯片数据手册都可以查到,每个端口由它的起始地址分组。下面重点讲述端口中断寄存器,输入/输出/方向寄存器如表 4.5 所列。

表 4.5　数字 I/O 寄存器

端口中断向量寄存器 PxIV:

PxIV 内容	中断源	中断标志	中断优先级
02h	端口 x.0 中断	PxIFG.0	最高
04h	端口 x.1 中断	PxIFG.1	
06h	端口 x.2 中断	PxIFG.2	
08h	端口 x.3 中断	PxIFG.3	
0Ah	端口 x.4 中断	PxIFG.4	
0Ch	端口 x.5 中断	PxIFG.5	
0Eh	端口 x.6 中断	PxIFG.6	
10h	端口 x.7 中断	PxIFG.7	最低

其中,端口中断使能寄存器 PxIES:

位 7	位 6	位 5	位 4	位 3	位 2	位 1	位 0
				P1IES			

端口边沿中断使能控制,0 表示由低到高电平中断,1 表示由高到低电平中断,PxIFG 标志置位。

端口中断使能寄存器 PxIE:

位 7	位 6	位 5	位 4	位 3	位 2	位 1	位 0
				P1IE			

端口中断使能控制,0 表示关闭,1 表示使能。

端口输入寄存器 PxIN:

位 7	位 6	位 5	位 4	位 3	位 2	位 1	位 0
				PxIN			

引脚输入,只读模式。

端口输出寄存器 PxOUT:

位 7	位 6	位 5	位 4	位 3	位 2	位 1	位 0
				PxOUT			

当 I/O 口配置为输出模式时,0 表示输出低电平,1 表示输出高电平。

当 I/O 口配置为输入模式或者上拉、下拉功能使能时,0 表示下拉功能选择,1 表示上拉功能选择。

端口方向寄存器 PxDIR:

位 7	位 6	位 5	位 4	位 3	位 2	位 1	位 0
			PxDIR				

0 表示端口配置为输入,1 表示端口配置为输出。

上、下拉使能寄存器 PxREN:

位 7	位 6	位 5	位 4	位 3	位 2	位 1	位 0
			PxREN				

0 表示上拉/下拉关闭,1 为使能上拉/下拉。

端口功能选择寄存器 PxSEL1,PxSEL0:

位 7	位 6	位 5	位 4	位 3	位 2	位 1	位 0
			PxSEL1,0				

00 表示选择为通用 I/O 口,01 表示选择为主模块功能,10 表示选择为次功能模块,11 表示选择第三功能模块。

4.2.2 C 程序设计

下面以最简单的点灯程序为例来阐述 MSP430FR57x 的使用方法,使用软件设置 P1.0 取反,ACLK = n/a,MCLK = SMCLK = TACLK = 默认的 DCO = 大约 625 kHz。

```
//        MSP430FR5739
//       ----------------
//    /|\|              |
//     | |              |
//    — |RST            |
//     |               |
//     |       P1.0  | —>LED
// 编译环境:IAR Embedded Workbench Version:5.10 & Code Composer Studio V4.0
// ********************************************************************
#include "msp430fr5739.h"
void main(void)
{
    WDTCTL = WDTPW + WDTHOLD;              //停止看门狗 WDT
```

```
P1DIR |= BIT0;
P1OUT |= BIT0;
while(1)
{
    P1OUT ^= BIT0;
    __delay_cycles(100000);
}
}
```

4.3　ADC 功能及 C 程序设计

相比于以前的 MSP430,MSP430FRAM 的 ADC10_B 模块新增特征如下:采样速率达到 200 kbit/s;REF 参考有 1.5 V、2 V 和 2.5 V;DTC 被 DMA 取代;最大 12 个外部输入通道;并集成窗口比较器,有高/中/低中断。ADC10 中断的例程如下:

```
// 配置采样阀值
ADC10HI = High_Threshold;
ADC10LO = Low_Threshold;
#pragma vector = ADC10_VECTOR
__interrupt void ADC10_ISR(void)
{
  switch()
  {
    ......
    case 6:                          // ADC10MEM > ADC10HI?
      //...
    break;
    case 8:                          // ADC10MEM < ADC10LO?
      //...
    break;
case 10:
                                     // ADC10HI < ADC10MEM < ADC10LO?
    //...
    break;
}}
```

下面举一个完整的 ADC 例程,FR57xx 例程设置参考电压是 AVcc,在 A1 端口的单路采样,软件设置 ADC10SC 启动采样和转换,ADC10SC 自动清除 EOC,ADC10 内部时钟 16 倍速的采样和转换,在主循环中 MSP430 进入 LPM0 低功耗模式,直到 ADC10 转换完成,ADC10_ISR 将强制从 LPM0 退出,如果 A1 大于 $0.5 \times$ AVcc,P1.0 输出高电平,否则复位。

```
//                MSP430FR5739
//                ------------------
//           /|\|                 XIN |-
//            | |                     |
//           — |RST           XOUT |-
//            |                     |
//       > — |P1.1/A1     P1.0 | — >LED
// 编译环境:IAR Embedded Workbench Version:5.10 或者 Code Composer Studio V4.0
// *************************************************************************
#include "msp430fr5739.h"
unsigned int ADC_Result;
void main(void)
{
    volatile unsigned int i;
    WDTCTL = WDTPW + WDTHOLD;                // 停止 WDT
    P1DIR |= BIT0;                           // 设置 P1.0/LED 输出方向
    //配置 ADC
    P1SEL1 |= BIT1;
    P1SEL0 |= BIT1;
    ADC10CTL0 |= ADC10SHT_2 + ADC10ON;       // ADC10ON, S&H = 16 ADC 时钟
    ADC10CTL1 |= ADC10SHP;                   // ADCCLK = MODOSC;采样时钟
    ADC10CTL2 |= ADC10RES;                   // 10 位的转换的结果
    ADC10MCTL0 |= ADC10INCH_1;               // A1 ADC 输入选择;Vref = AVCC
    ADC10IE |= ADC10IE0;                     //使能 ADC 转换结果中断
    for (;;)
    {
        __delay_cycles(5000);
        ADC10CTL0 |= ADC10ENC + ADC10SC;     //采样和启动转换
        __bis_SR_register(CPUOFF + GIE);     // LPM0, ADC10_ISR 强制退出
        __no_operation();                    //用于调试
        if (ADC_Result < 0x1FF)
            P1OUT &= ~BIT0;                  //清除 P1.0
        else
            P1OUT |= BIT0;                   //置位 P1.0
    }
}


// ADC10 中断服务程序
#pragma vector = ADC10_VECTOR
__interrupt void ADC10_ISR(void)
{
    switch(__even_in_range(ADC10IV,12))
    {
```

```
case  0: break;                                   //无中断
case  2: break;                                   //转换结果溢出
case  4: break;                                   //转换时间溢出
case  6: break;                                   //ADC10HI
case  8: break;                                   //ADC10LO
case 10: break;                                   //ADC10IN
case 12: ADC_Result = ADC10MEM0;
         __bic_SR_register_on_exit(CPUOFF);
         break;                                   //清除 CPUOFF 位
default: break;
    }
}
```

4.4　比较器及 C 程序设计

　　比较器 COMP_D 具有如下特性:低功耗的中断;使用类似 ADC10_B 的内部 REF 参考模块;高达 15 个外部输入通道;软件可选的 RC 滤波;可选择参考电压发生器等。

　　下面举一个完整的例子来说明比较器的使用。通过在低功耗模式 LPM4 下使用 FR57xx 的比较器 COMP_D 输出翻转,比较的内部参考电压是 2.0 V。使用比较器 D 和内部参考检测输入电压的高/低。当比较电压超过 2.0 V,CDOUT 输出高; 当比较的电压小于 2.0 V 时候,CDOUT 输出低。连接 P3.5/CDOUT 到 P1.0,通过 P1.0 脚的 LED 翻转可以看到电压的变化情况。

```
//                MSP430FR5739
//              _____
//          /|\|                   |
//           | |                   |
//         — |RST       P1.1/CD1  |<— 待比较的电压(Vcompare)
//           |                     |
//           |         P3.5/CDOUT  |——>"高"(Vcompare>2.0V); "低"(Vcompare<2.0V)
//           |                     |
//           |               P1.0 |  LED "高"(Vcompare>2.0V); "低"(Vcompare<2.0V)
//           |                     |
// 编译环境:IAR Embedded Workbench Version:5.10 和 Code Composer Studio V4.0
// ***********************************************************************
# include "msp430fr5739.h"
void main(void)
{
  WDTCTL = WDTPW + WDTHOLD; //停止 WDT
// 比较器输入
```

```
    P1SEL0 |= BIT1;                          // P1.1/CD1
    P1SEL1 |= BIT1;                          // 比较器输出
    P3DIR |= BIT5;
    P3SEL1 |= BIT5;
    P3SEL0 |= BIT5;                          // 配置比较器 ComparatorD
    CDCTL0 |= CDIPEN + CDIPSEL_1;            //使能 V+，输入通道为 CD0
    CDCTL2 |= CDRSEL;                        // VREF 应用到比较器输入负端
    CDCTL2 |= CDRS_3 + CDREFL_2;             // 设置参考电压 Vcref = 2.0V (CDREFL_2)
    CDCTL3 |= BIT1;                          // 在 P1.1/CD0,输入缓冲器关闭
    CDCTL1 |= CDON;                          // 开启比较器 B
    __delay_cycles(400);                     // 延时等待参考稳定

    __bis_SR_register(LPM4_bits);            //进入 LPM4
    __no_operation();                        //用于调试
}
```

4.5 定时器 TA 和 TB 及 C 程序设计

下面讲述使用 FR57xx 开发定时器 TA 和 TB 部分的代码例程。

```
// ******************************************************************************
//   MSP430FR57x 例程,Timer0_A3，CCR0 计数模式中断服务程序,DCO = SMCLK,使用软件
//   和定时器 TA_0 中断服务程序来翻转 P1.0 口,Timer0_A 配置为连续模式,当 TAR
//   计数到 CCR0 时,定时器溢出。本例中,CCR0 装载数值 50000。
//   ACLK = n/a, MCLK = SMCLK = TACLK = 默认的 DCO ,大约为 666KHz
//         MSP430FR5739
//        ----------------
//     /|\|                |
//      | |                |
//     — |RST             |
//      |                  |
//      |            P1.0 | — >LED
// 编译环境:IAR Embedded Workbench Version：5.10 和 Code Composer Studio V4.0
// ******************************************************************************
#include "msp430fr5739.h"
void main(void)
{
    WDTCTL = WDTPW + WDTHOLD;                //停止 WDT
    P1DIR |= BIT0;
    P1OUT |= BIT0;
    TA0CCTL0 = CCIE;                         //TACCR0 中断使能
    TA0CCR0 = 50000;
```

```
    TAOCTL = TASSEL_2 + MC_2;                      //SMCLK, 连续模式
    __bis_SR_register(LPMO_bits + GIE);            //进入 LPMO
}
// 定时器 A0 中断服务程序
# pragma vector = TIMERO_A0_VECTOR
__interrupt void Timer_A (void)
{
    P1OUT ^= BIT0;
    TAOCCR0 += 50000;                              //在 TACCR0 中增加计数值
}


// ***********************************************************************
//   MSP430FR57x 例程,TimerB,CCR0 计数模式中断服务程序,DCO = SMCLK,使用软件和定时
//   器 TB_0 中断服务程序来翻转 P1.0 口,TimerB 配置为连续模式,当 TBR 计数到 CCR0 时,
//   定时器溢出。CCR0 装载的初值为 50000。
//   ACLK = n/a, MCLK = SMCLK = TACLK = 默认的 DCO 约为 666KHz
//          MSP430FR5739
//        ------------------
//     /|\|                 |
//      | |                 |
//    — |RST               |
//      |                   |
//      |             P1.0| — >LED
//   编译环境:IAR Embedded Workbench Version:5.10 和 Code Composer Studio V4.0
// ***********************************************************************
# include "msp430fr5739.h"
void main(void)
{
    WDTCTL = WDTPW + WDTHOLD;                       // 停止 WDT
    P1DIR | = BIT0;
    P1OUT | = BIT0;
    TB0CCTL0 = CCIE;                               // TACCR0 中断使能
    TB0CCR0 = 50000;
    TB0CTL = TBSSEL_2 + MC_2;                      // SMCLK, 连续模式
    __bis_SR_register(LPMO_bits + GIE);            // 进入 LPMO
}


// 定时器 B0 中断服务程序
# pragma vector = TIMERO_B0_VECTOR
__interrupt void Timer_B (void)
{
    P1OUT ^= BIT0;
    TB0CCR0 += 50000;                              //在 TACCR0 中增加计数值
}
```

4.6 串行接口 SPI/UART/I²C 及 C 程序设计

eUSCI_A：UART 的架构和 USCI_A 是兼容的，新增的特性如下：UCTXCP-TIE 中断类似于 USART 的 TXEPT 标志，增强型的波特率提高了调制模式设置的可靠性，UCSTTIE 用于启始位中断检测，提供尖峰滤波功能，表 4.6 是相关的设置系数。

表 4.6 UCBRSx 设置与系数对应关系

小数部分 N	UCBRSx 设置
0.000 0	0x00
0.052 9	0x01
0.071 5	0x02
0.083 5	0x04
0.100 1	0x08
0.125 2	0x10
0.143 0	0x20

eUSCI_A：SPI，它的架构和 USCI_A 的功能是类似的，它支持最高的速率，在 3.0 V 条件下达到 9 MHz，在 2.0 V 情况下是 6 MHz。同时修改了四线制模式，它可以用于主模式下。时序图如图 4.3 所示。

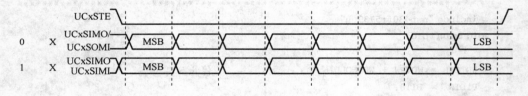

图 4.3 eUSCI_A：SPI 时序图

在 eUSCI_B：I2C 中增加了许多新的特性，如多个从地址功能；时钟超时和 SMBus 总线兼容；字节计数器；自动插入停止位；主/从发送器的预装载；可选的滤波时序；软件应答/非应答可选；地址位屏蔽。那么多个从地址支持硬件的 4 个从地址，4 个统一的从地址寄存器为 UCBxI2COAx；每一个从地址有相应的 UCOAEN；独立的发送和接收中断向量标志位；共同的状态标志；直接的 DMA 通道。下面讲述使用从地址 EEPROM 和传感器的例子，参考代码如下：

```
UCB0I2COA0 = 0x48;                    // EEPROM
UCB0I2COA1 = 0x40;                    // ADC
#pragma vector = USCI_B0_VECTOR
__interrupt void USCI_B0_ISR(void)
{
```

```
switch()
{
case  0：break；
case  2：break；
……．
 case 20：                              // UTXIFG0 EEPROM TX
 case 22：                              // URXIFG0 EEPROM RX
 case 24：                              // UTXIFG1 ADC TX
 case 26：                              // URXIFG1 RX
……．．
 default：break；
 }
}
```

时钟溢出功能：SCL 保持低电平的时间大于溢出时间间隔会引起标志位的置位。定时间隔是基于 MODOSC 时钟，3 个可选的时间间隔为 25 ms、30 ms 和 35 ms。UCCLTOIE 中断使能，在低功耗模式，LDO 是自动请求的，在主机和从机用户模式都可以用于检测定时，例如复位后的延时。该功能兼容 SMBus 总线，不需要定时器，可以使用在热插拔的场合。

```
UCB0CTLW1 |= UCCLTO_2;                   // 25 ms
UCB0IE |= UCCLTOIE;
# pragma vector = USCI_B0_VECTOR
__interrupt void USCI_B0_ISR(void)
{
 switch()
 {
 case  0：break；
 case  2：break；
 ……．
 case 28：                               // 时钟溢出
 UCB0CTL0 |= UCSWRST;
 UCB0CTL0 &= ～UCSWRST;
 break；
 }
}
```

字节计数器和自动停止功能部分，RX 和 TX 字节数是硬件自加，在总线上的每个字节是自加的，主机和从机模式都具有这一功能。在主机模式中使用自动停止功能，不需要使用软件计数，当达到 BCNT 阀值，主机发送停止。

```
// 主发送模式
UCB0CTLW1 |= UCASTP_2;                   //
UCB0TBCNT |= 0x05;                       //5 字节
```

```
# pragma vector = USCI_B0_VECTOR
__interrupt void USCI_B0_ISR(void)
{
  switch()
  {
  case  0: break;
    ......
    case 20:                                     // UTXIFG0
    UCB0TXBUF =  * Data_ptr;
    Data_ptr ++ ;
    break;
  }
}
```

在 USCI 模块中,TX 中断服务程序如果不立即响应,在 TX 模式下时钟会延长。eUSCI 提供了一个发送缓存器的预装载的特征,在初始时,TXBUF 被装载。在停止时,UCPRELOAD 位自动清零。

```
// 主发送模式
UCB0STATW | = UCPRELOAD;               //
UCB0TXBUF = 0xAA;                      // 第一个字节
# pragma vector = USCI_B0_VECTOR
__interrupt void USCI_B0_ISR(void)
{
  switch()
  {
  case  0: break;
    ......
    case 20:                                     // UTXIFG0
    UCB0TXBUF =  * Data_ptr;
    Data_ptr ++ ;
    break;
  }
}
```

地址位软件可选的 ACK/NACK,所有的 10 位 COA 寄存器可以被屏蔽,理论上软件可以设置 2^{10} 从地址,在软件上 UCBxADDRX 寄存器表示总线的地址。在从机和多主机模式中,UCSWACK 和 UCTXACK 可以用来识别特定的地址。

尖峰滤波功能可以解决一些 ESD 的问题。4 个可选的时间间隔为:6 ms、12 ms、25 ms 和 50 ns。

eUSCI_B:I²C 移植时,不再使用 HW 的硬件清状态标志位。

USCI_B 有 4 个相关的清事件标志位,TXIFG 通过 NACK 清零。在主模式中,NACKIFG 可以用来清除上次的 TXIFG,用户需要设置数据指针自动调整。在从模式中,可以使用 STPIFG。STPIFG 只支持主机模式,STP 清除 NACKIFG 标志位,需要用户在 S/W 中包含这一功能,NACKIE 需要用户通过软件使能。在主机模式下没有 STPIFG。

4.7　看门狗定时器 WTD 及 C 程序设计

下面讲述使用 FR57xx 开发看门狗定时器 WID 部分的代码例程。

```
// *************************************************************************
//   MSP430FR57xx 例程,WDT 看门狗程序,对 P1.0 口取反,内部的溢出中断服务程序,
//   DCO = SMCLK = 8MHz。P1.0 口的翻转频率约为 30 ms = {(1 MHz) / 32768}。
//   ACLK = n/a, MCLK = SMCLK = 1MHz
//              MSP430FR5739
//          ──────────────────
//       /|\|                |
//        | |                |
//       ─|RST               |
//        |                  |
//        |             P1.0 |──>LED
//   编译环境:IAR Embedded Workbench Version: 5.10 和 Code Composer Studio V4.0
// *************************************************************************
#include "msp430fr5739.h"
void main(void)
{
  WDTCTL = WDT_MDLY_32;                //WDT 为 32 ms, SMCLK
  CSCTL0_H = 0xA5;
  CSCTL1 |= DCOFSEL0 + DCOFSEL1;       //设置最大的 DCO
  CSCTL2 = SELA_1 + SELS_3 + SELM_3;   //设置 ACLK = VLO MCLK = DCO
  CSCTL3 = DIVA_0 + DIVS_3 + DIVM_3;
  SFRIE1 |= WDTIE;                     //使能 WDT 中断
  P1DIR |= 0x01;                       //设置 P1.0 口输出方向
  __bis_SR_register(LPM0_bits + GIE);  //进入 LPM0,使能中断
  __no_operation();                    //用于调试
}
// 看门狗定时器中断服务程序
#pragma vector = WDT_VECTOR
__interrupt void WDT_ISR(void)
{
  P1OUT ^= 0x01;                       //对 P1.0 (LED)口取反
}
```

4.8 MPU 写保护功能及 C 程序设计

图 4.4 是不使用 FRAM 和使用 FRAM 的对比,足以可见使用 FRAM 带来的好处。

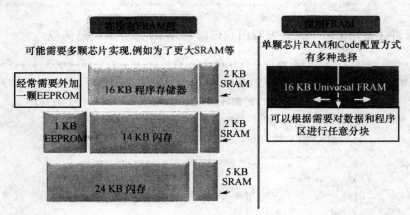

图 4.4 不使用 FRAM 和使用 FRAM 的对比

分析 CCS IDE 中的芯片命令行链接文件,打开 lnk_msp430fr5739.cmd,查看调试文件夹中 lab1.map 文件了解工程 RAM/FRAM 的使用情况,如图 4.5 所示。

name	origin	length	used	unused	attr
SFR	00000000	00000000	00000000	00000010	RWIX
PERIPHERALS_8BIT	00000010	000000f0	00000000	000000f0	RWIX
PERIOPHERALS_16BIT	00000100	00000100	00000000	00000100	RWIX
INFOB	00001800	00000080	00000000	00000080	RWIX
INFOA	00001880	00000080	00000000	00000080	RWIX
RAM	00001c00	00000400	000000b0	00000350	RWIX
FRAM	0000c200	00003d80	00000228	00003d58	RWIX

图 4.5 工程 RAM/FRAM 的使用情况

第一种情况是所有的变量分配到 FRAM 中,这种情况的优势是所有的变量,无特别功能的数据都放在非易失性的存储器中,缺点是占用用户代码空间,增加了功耗,减少了在时钟大于 8 MHz 的吞吐量。第二种情况是一些变量都分配到 SRAM 中,这种情况的优势是所有的变量是可变的,例如状态机变量,缺点是用户必须明确在 FRAM 中分配一些段放置变量。

要达到好的优化效果,需要一些经验,FRAM 容易写,代码和数据都需要保护。那么 FRAM 提供 MPU 保护,防止意外的读写等。MPU 特征包括如下:在 3 个可变的段配置主要的存储区;对于每段有独立的访问权限,MPU 寄存器密码是受保护的。计算段边界:段大小的设置可以通过段边界寄存器 MPUSB 设置;总共 5 B,对于 16 KB 芯片:段分配为 $16 \times 1\,024/32 = 512$ B。创建段的 4 个步骤如下:

步骤 1：首先设定段的边界。段 1 ＝ 0xC200 to 0xCDFF；段 2 ＝ 0xCE00 to 0xD7FF；段 3 ＝ 0xD800 to 0xFFFF。

步骤 2：查看表 4.7 中 MPUSBx 数值。

表 4.7　MPUSBx 数值

MPUSBx[4：0]	页启始地址
0x01	0xC200
……	0xCxxx
0x07	0xCE00
…	0xCxxx
0x0C	0xD800

步骤 3：将表值写入到 MPUSEG 寄存器，如图 4.6 所示。

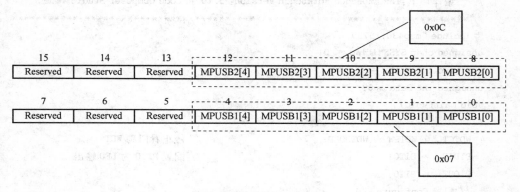

15	14	13	12	11	10	9	8
Reserved	Reserved	Reserved	MPUSB2[4]	MPUSB2[3]	MPUSB2[2]	MPUSB2[1]	MPUSB2[0]

0x0C

7	6	5	4	3	2	1	0
Reserved	Reserved	Reserved	MPUSB1[4]	MPUSB1[3]	MPUSB1[2]	MPUSB1[1]	MPUSB1[0]

0x07

图 4.6　MPUSEG 寄存器

步骤 4：为每个段授权，如图 4.7 所示。

15	14	13	12	11	10	9	8
MPUSEG1VS	MPUSEG1XE	MPUSEG1WE	MPUSEG1RE	MPUSEG3VS	MPUSEG3XE	MPUSEG3WE	MPUSEG3RE

7	6	5	4	3	2	1	0
MPUSEG2VS	MPUSEG2XE	MPUSEG2WE	MPUSEG2RE	MPUSEG1VS	MPUSEG1XE	MPUSEG1XE	MPUSEG1RE

图 4.7　段设置

使能访问 MPU 寄存器，在 0xC800 和 0xD000 配置段临界地址，段 2 关闭写使能，为段 2 使能时序错误时的复位。

```
// ************************************************************
// MSP430FR57x 演示 MPU 写保护中断。
// 首先定义 MPU 段临界区。
// 边界 1 = 0xC800 [segment #：4]
```

```
//     边界 2 = 0xD000 [segment #:8]
//     段 1 = 0xC200 - 0xC7FF
//     段 2 = 0xC800 - 0xCFFF
//     段 3 = 0xD000 - 0xFFFF
//     段 2 是写保护状态,任何对第 2 段地址的写入操作都会引起 SYS NMI 的复位。一旦进
//     入 NMI 中断程序,标志位置位,LED 闪灯。
//     ACLK = n/a, MCLK = SMCLK = TACLK = 默认的 DCO 约为 25 kHz
//           MSP430FR5739
//           ---------------
//     /|\|              |
//     | |               |
//    - |RST             |
//     |                 |
//     |           P1.0 | - >LED
//     编译环境:IAR Embedded Workbench Version:5.10 和 Code Composer Studio V4.0
// ********************************************************************************
# include "msp430fr5739.h"
unsigned char SYSNMIflag = 0;
unsigned int * ptr = 0;
unsigned int Data = 0;
void main(void)
{
    WDTCTL = WDTPW + WDTHOLD;                    // 停止看门狗 WDT
    P1DIR | = BIT0;                             // 配置 P1.0 为 LED 输出
    P1OUT | = BIT0;
    // 配置 Configure MPU
    MPUCTL0 = MPUPW;                            // 写密码来访问 MPU 寄存器
    MPUSEG = 0x0804;                            // B1 = 0xC800; B2 = 0xD000
                                                //为段分配边界
    MPUSAM & = ~MPUSEG2WE;                      // 段 2 是写保护
    MPUSAM & = ~MPUSEG2VS;

    MPUCTL0 = MPUPW + MPUENA + MPUSEGIE + MPULOCK;   //使能 NMI & MPU 保护
                                                // MPU 寄存器锁住,直到 BOR
    Data = 0x88;                                // 写第二段
    ptr = (unsigned int * )0xC802;
    * ptr = Data;
    while(SYSNMIflag)
    {
        P1OUT ^ = BIT0;
        __delay_cycles(100000);
    }
    while(1);
```

```
}
// 系统 NMI 中断向量
#pragma vector = SYSNMI_VECTOR
__interrupt void SYSNMI_ISR(void)
{
    switch(__even_in_range(SYSSNIV,0x18))
    {
    case 0x00: break;
    case 0x02: break;
    case 0x04: break;
    case 0x06: break;
    case 0x08:                              // 第一段存储器
       break;
    case 0x0A:                              // 第二段存储器
     MPUCTL1 &= ~MPUSEG2IFG;               // 清除中断标志位
     SYSNMIflag = 1;                        // 设置标志位
       break;
    case 0x0C:                              // 第三段存储器
       break;
    case 0x0E: break;
    case 0x10: break;
    case 0x12: break;
    case 0x14: break;
    case 0x16: break;
    case 0x18: break;
    default: break;
    }
}
```

4.9　低功耗模式及 C 程序设计

下面讲述使用 FR57xx 开发低功耗模式部分的代码例程。

```
// *********************************************************************
//    MSP430FR57xx 例程配置 ACLK = LFXT1,进入 LPM3。
//    ACLK = LFXT1 = 32kHz, MCLK = SMCLK = 4MHz
//          MSP430FR57x
//       ----------------
//      /|\|              |
//       | |              |
//       -- |RST          |
//       |  |             |
```

```
//          |              |
//          |          P1.0|—>用于功耗测量
//  编译环境：IAR Embedded Workbench Version：5.10 和 Code Composer Studio V4.0
// **************************************************************************
# include "msp430fr5739.h"
void main(void)
{
    WDTCTL = WDTPW + WDTTMSEL + WDTSSEL_1 + WDTIS_4;  // ACLK, 1s 中断
    SFRIE1 |= WDTIE;                                  // 使能 WDT 中断
    P1DIR = 0;
    P1OUT = 0;
    P1REN = 0xFF;

    P2DIR = 0;
    P2OUT = 0;
    P2REN = 0xFF;

    P3DIR = 0;
    P3OUT = 0;
    P3REN = 0xFF;

    P4DIR = 0;
    P4OUT = 0;
    P4REN = 0xFF;

    PJDIR = 0xFF;
    PJOUT = 0;

    // XT1 设置
    PJSEL0 |= BIT4 + BIT5;

    CSCTL0_H = 0xA5;
    CSCTL1 |= DCOFSEL0 + DCOFSEL1;                     // 设置最大的 DCO 设置
    CSCTL2 = SELA_0 + SELS_3 + SELM_3;                 // 设置 ACLK = XT1; MCLK = DCO
    CSCTL3 = DIVA_0 + DIVS_1 + DIVM_1;                 // 设置所有的驱动
    CSCTL4 |= XT1DRIVE_0;
    CSCTL4 &= ~XT1OFF;

    do
    {
        CSCTL5 &= ~XT1OFFG;                            // 清除 XT1 错误标志
        SFRIFG1 &= ~OFIFG;
    }while (SFRIFG1&OFIFG);                            // 测试晶振错误标志
```

```
    // 关闭温度传感器
    REFCTL0 | = REFTCOFF;
    REFCTL0 & = ~REFON;


    // 开启 LED
    P1DIR | = BIT0;
    __bis_SR_register(LPM3_bits + GIE);
}
// 看门狗定时器中断服务程序
# pragma vector = WDT_VECTOR
__interrupt void WDT_ISR(void)
{
    P1OUT ^= 0x01;                                      // 对 P1.0（LED）口取反
}
```

4.10   DMA 功能及 C 程序设计

下面讲述使用 FR57xx 开发 DMA 部分的代码例程。

```
// *********************************************************************
//   MSP430FR57xx 的 DMA0 例程，从 RAM 到块的重复块操作，使用软件 DMAREQ 触发
//   使用 DMA2 的突发模式块操作，将 16 B 的块从 1C20 - 1C2Fh 传输到 1C40h - 1C4fh，由于
DMA 使用的是模式 5，在每次传输后，源地址、目的地址和 DMA 大小复位到软件初始化设置。注意
使用了 RAM 的 0x1C00 到 0x1C3F 区域，确保不要有编译冲突。
//   MCLK = SMCLK = 默认的 DCO
//         MSP430FR5739
//        ————————————————
//      /|\|                XIN |-
//       | |                    | 32kHz
//      — |RST        XOUT |-
//       |                    |
//       |            P1.0 | — >LED
// 编译环境：IAR Embedded Workbench Version：5.10 和 Code Composer Studio V4.0
// *********************************************************************
# include "msp430fr5739.h"
void main(void)
{
    WDTCTL = WDTPW + WDTHOLD;                           // 停止 WDT
    P1DIR | = 0x01;                                     // P1.0 输出
    __data16_write_addr((unsigned short) &DMA0SA,(unsigned long) 0x1C20);
                                                        // 源块地址
```

```
      __data16_write_addr((unsigned short) &DMA0DA,(unsigned long) 0x1C40);
                                                        // 目的地址
      DMA0SZ = 16;                                      // 块尺寸大小
      DMA0CTL = DMADT_5 + DMASRCINCR_3 + DMADSTINCR_3;  // 重复递增
      DMA0CTL |= DMAEN;                                 // 使能 DMA0

      while(1)
      {
        P1OUT |= 0x01;                                  // P1.0 = 1, LED 亮
        DMA0CTL |= DMAREQ;                              // 触发块传输
        P1OUT &= ~0x01;                                 // P1.0 = 0, LED 灭
      }
    }
```

4.11   MPY 硬件乘法器及 C 程序设计

下面讲述使用 FR57xx 开发 MPY 硬件乘法器部分的代码例程。

```
// ******************************************************************************
//MSP430FR57xx 例程,16x16 无符号的乘法,该硬件乘法器用于对两个数相乘。在操作数被
    装载后,自动初始化计算结果,结果存储在 RESLO 和 RESHI 中。
//   MCLK = SMCLK = 默认的 DCO
//            MSP430FR5739
//          _____
//         /|\|               |
//          | |               |
//          — |RST            |
//          |                 |
//          |                 |
//编译环境:IAR Embedded Workbench Version:5.10 和 Code Composer Studio V4.0
// ******************************************************************************
#include "msp430fr5739.h"
void main(void)
{
    WDTCTL = WDTPW + WDTHOLD;           // 停止看门狗 WDT
    MPY = 0x1234;                       // 装载第一个操作数
    OP2 = 0x5678;                       // 装载第二个操作数
    __bis_SR_register(LPM4_bits);       // 进入 LPM4
    __no_operation();                   // 用于调试
}
```

4.12　FRAM 字节写入操作及 C 程序设计

下面讲述使用 FR57xx 开发 FRAM 字节写入操作部分的代码例程。

```
// ********************************************************************************
// MSP430FR57xx 例程，使用长字写入方式将字节写入到 FRAM 的 512 B 块中，操作 100 次以后
//    LED 灯取反一次。本例可以用于 FRAM 的耐久性测试。
// ACLK = VLO, MCLK = SMCLK = 4 MHz
//              MSP430FR57x
//           ------------------
//        /|\|                |
//         | |                |
//       — |RST              |
//         |                  |
//         |                  |
//         |            P1.0 | — > LED
// 编译环境：IAR Embedded Workbench Version：5.10 和 Code Composer Studio V4.0
// ********************************************************************************
# include "msp430fr5739.h"
void FRAMWrite(void);
unsigned char count = 0;
unsigned long * FRAM_write_ptr;
unsigned long data;

# define FRAM_TEST_START 0xCA00
void main(void)
{
    WDTCTL = WDTPW + WDTHOLD;                    // 停止看门狗 WDT
    // 配置 MCLK 为 8 MHz 操作时钟
    CSCTL0_H = 0xA5;
    CSCTL1 |= DCOFSEL0 + DCOFSEL1;               // 设置最大的 DCO 设置
    CSCTL2 = SELA_0 + SELS_3 + SELM_3;           // ACLK = VLO
    CSCTL3 = DIVA_0 + DIVS_1 + DIVM_1;           // MCLK = SMCLK = DCO/2

    // 关闭温度传感器
    REFCTL0 |= REFTCOFF;
    REFCTL0 & = ～REFON;

    // 打开 LED
    P1DIR |= BIT0;
    // 初始化冗余数据
    data = 0x11111111;
```

```
        while(1)
        {
        data + = 0x00010001;
        FRAM_write_ptr = (unsigned long * )FRAM_TEST_START;
        FRAMWrite();                            // FRAM 写操作
        count ++ ;
        if (count > 100)
          {
            P1OUT ^= 0x01;                      //当写入 512 KB,对 LED 取反一次
            count = 0;
            data = 0x11111111;
          }
        }
        }
        void FRAMWrite (void)
        {
        unsigned int i = 0;
          for ( i = 0; i<128; i ++ )
          {
            * FRAM_write_ptr ++  = data;
          }
        }
```

4.13　TI FRAM 常见问题解答

4.13.1　TI FRAM 使用疑问解答

1. 什么是 FRAM?

　　FRAM 是 ferroelectric random access memory(铁电随机存取存储器)的首字母缩写词,它是非易失性存储器,即便在断电后也能保留数据。尽管从名称上说,FRAM 是铁电存储器,但它不受磁场的影响,因为芯片中不含铁基材料(铁)。铁电材料可转变电场中的极性,但是它们不受磁场的影响。

2. FRAM 较之闪存/EEPROM 具有哪些主要优势?

　　① 速度。FRAM 具有快速写入时间。写入到 FRAM 存储器单元的实际时间小于 50 ns,这超越了所有其他操作。这大约比 EEPROM 快 1 000 倍。此外,与必须两个步骤(写入命令和随后的读取/验证命令)才能写入数据的 EEPROM 不同,FRAM 的写入内存功能与读取内存发生在同一过程中。对于读取或写入,只有一个存储器访问命令、一个步骤。因此,与 EEPROM 写入处理相关联的所有时间实际上在基于

FRAM 的智能 IC 中得到了有效消除。

② 低功耗。在低电压下写入 FRAM 单元，并且只需很少量的电流即可更改数据。对于 EEPROM，则需要高电压。FRAM 使用非常低的电源－1.5 V，而 EEPROM 则使用 10～14 V 电源。FRAM 的低电压将转换成低功耗，能够在更快的处理速度下实现更多功能。

③ 数据可靠性。由于只需要少量能量，因此 FRAM 所需的所有能量在数据写入开始时就被预先加载。这就避免了"数据分裂"——数据的部分写入，当基于 EE-PROM 的智能 IC 在写周期内从射频磁场电源中移除时会出现这种情况。此外，FRAM 还具有 10^8 个写入/读取周期或更高，其远远超过了 EEPROM 的写入周期。

3. FRAM 在高温环境下如何工作？

FRAM 是一项非常强大可靠的存储技术，即使在高温环境下也是如此。FRAM 可在 85℃ 的温度下将其数据保留 10 余年。这远远超出了政府 ID 市场中的凭证的要求，并且体现了 FRAM 强大的数据保留能力。FRAM 用于多种汽车电子应用，并且能够经受极其苛刻的条件。

4. FRAM 具有与闪存/EEPROM 相同的可升级性问题吗？

与 FRAM 不同，闪存/EEPROM 采用浮栅电荷存储设计，该设计需要高电压和昂贵的、需要大量电能且占空间的电路，例如晶体管和充电泵。所有传统高压电路的局限性在于不易于升级到越来越小的 IC 处理节点制造工艺。同时，TI 的 130 nm FRAM 制造工艺生产出的芯片比大多数基于闪存和 EEPROM 的嵌入式微处理器所使用的 180～220 nm 节点尺寸更小，从而使 FRAM 产品在尺寸、性能和功效方面具有巨大优势。此外，FRAM 制造工艺能够与数字 CMOS 工艺完全兼容，从而使该技术在将来可轻松升级到更小的技术节点。

5. FRAM 会在读取后丢失数据吗？

FRAM 是非易失性存储器，即便在断电后也能保留其数据。与可在个人计算机、工作站和非手持游戏控制台（例如 PlayStation 和 Xbox）的大型（主）存储器中找到的常用 DRAM（动态随机存取存储器）类似，FRAM 也要求在每次读取后进行内存恢复。进行内存恢复的原因是 FRAM 存储器单元要求在刷新功能中重新写入已存储的每个位，这一点与 DRAM 相同。由于 FRAM 具有无穷的写入寿命（100 万亿次写入/读取周期），因此这一点并不成问题。

6. 新的嵌入式 FRAM 存储技术是否增强了安全性？

FRAM 已用于过渡中的财务智能卡应用和机顶盒。与现有 EEPROM 技术相比，FRAM 在电场、辐射等环境中具有更强的抗数据损坏能力。超快写入时间和 130 nm 小处理节点使攻击者束手无策。此外，FRAM 的低功耗（其读取功耗和写入功耗实际上是相同的）使攻击者更难以使用差分功率分析技术对其进行攻击。

7. FRAM 器件受磁场的影响吗?

常见的一种误解是人们认为铁电晶体中包含铁或是具有铁磁性或类似属性。术语"铁电"是指作为电压函数绘制的电荷图(图 4.8)与铁磁材料磁滞回线(BH 曲线)之间的相似性。铁电材料不受磁场影响。

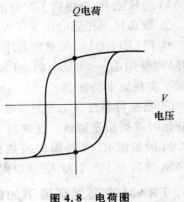

8. FRAM 器件能够经受多强的电场?

FRAM 存储器单元通过将开关电压用于感应和恢复数据状态的方式工作。PZT 铁电薄膜的厚度约为 70 nm。如果将该器件放在

图 4.8 电荷图

50 kV/cm 的电场中,则铁电薄膜中不可能产生大于 1 V 的电压。实际情况是,FRAM 器件不受外部电场的影响。

9. FRAM 受辐射或软错误的影响吗?

易失性存储器 DRAM 和 SRAM 使用电容器来存储电荷或使用简单的锁存器来存储状态。这些单元容易受到 α 粒子、宇宙射线、重离子、伽马射线、X 射线等的损坏,这可能导致位翻转为相反状态。这就称为软错误,因为后续写入将被保留。此情况的发生概率就称为器件的软错误率(SER)。由于 FRAM 单元将状态存储为 PZT 薄膜偏振,因此 α 射线的冲击难以迫使偏振更改给定单元的状态,并且甚至测量不到 FRAM 地面 SER。FRAM 的这种"抗辐射"特性使其在若干种新兴医疗应用中备受瞩目。

10. TI 对 FRAM 的重点是什么?

虽然 TI 目前仍在为 Ramtron 生产独立的 FRAM 存储器。嵌入式 FRAM(作为数字化流程的 2 遮罩加法器)TI 已成功设计出高达 32 MB 的阵列。FRAM 是一种真正的 NVRAM 技术,可替换高速缓存 SRAM、DRAM、闪存/EEPROM,支持1.5 V 低功耗应用操作,FRAM 可为客户带来无与伦比的灵活性和优势,同时其初始实施和设计已针对目标运营领域进行优化。需要重点强调的是,FRAM 技术可同时支持高性能和低功耗应用;但是,目前的 FRAM 阵列设计是针对低功耗操作优化的。

关于 TI 的初始 FRAM 设计的一些考虑事项包括:它们最适用于工作频率低于 25 MHz 的器件。不过,随着所有技术的发展进步,TI 希望今后能设计出更高性能的 FRAM 存储器阵列,支持器件以更高的时钟速度运行。如上所述,TI 期望其一些初始 FRAM 存储器器件将使用 2T - 2C 配置(每个数据位使用 2 个单元)。这种"冗余"方法将形成了一个交叉点,其中,FRAM 阵列比低于 64 ~ 128 KB 内存的同等存储器更小(具体取决于设计要求)。同时,TI 期待这一交叉点能在 1T - 1C 操作和今后工艺技术的简化过程中得到改进。此外,TI 目前尚未针对汽车应用领域规划其嵌入式 FRAM 产品。

11. F－RAM 和 FeRAM 都是指 FRAM 吗？

F－RAM、FeRAM 和 FRAM 是同义词。德州仪器（TI）选择使用首字母缩写词"FRAM"，而 Ramtron 则选择使用"F－RAM"。

12. 市场上有商用的 FRAM 产品吗？

FRAM 是半导体市场中可靠的商用存储器，仅 Ramtron 单独销售的 FRAM 就有 1.5 亿多件。Ramtron 的 F－RAM 存储器产品已成为高质量行业（例如汽车电子）中的最佳选择。Mercedes、GM、BMW、Ford、Porsche 等制造商已将 FRAM 用于他们的汽车产品。

TI 正在利用其先进的 130 nm FRAM 制造工艺生产 Ramtron 的 4 MB 和 2 MB FRAM 存储器（http://www.ramtron.com/products/nonvolatile－memory/parallel.aspx）。Ramtron 的 4 MB FRAM 存储器产品被《中国电子产品》（EPC）杂志评为"2008 年年度产品"。

13. 这些芯片的官方报价？

这类芯片的售价为 $1.20(10 kU)，FR57xx 第一批样片上市时间是 2011 年 5 月 3 日。

14. 为什么开发中使用 FRAM 存储器，而不是 Flash？

对于存储器写入速度有要求，写入的时候要求低功耗，以及写入的次数，在活动工作模式下保持极低的功耗的场合，FRAM 技术是不二选择。

15. 开发人员什么时候选择 Flash 或者 FRAM？

在一些应用中，当要求低功耗以及写入次数等场合，FRAM 是最佳的选择。但是在一些需要较高温范围的场合，超低成本的要求，FRAM MCU 不一定是最理想的选择。这也是 TI 除了会推广新特性的 MSP430FRAM 产品，也会持续推出新的基于 Flash 工艺的 MCU 的原因。

16. TI 会放弃基于 Flash 产品的开发吗？

TI 不会放弃 Flash 产品的开发，FRAM 产品是 MSP430 家族的必要补充，TI 会持续推出 FRAM 以及 Flash 的 MSP430 微型处理器来满足市场各种各样的要求。

17. 这些芯片的功耗是多少？

MSP430FRAM 在活动模式下的功耗是 110 μA/MHz，待机模式下在 3.0 V 下是 LPM3 9.3 μA（带 RTC 运行，状态保持模式）。MSP430FRAM 的最佳性能是在写入的时候依然保持低功耗，相比于需要 10～14 V 的 Flash 工艺的 MCU，FRAM 只需要 2 V 电压（不需要充电电荷泵）。

18. 为什么 TI 将这些芯片引入到市场？

当今世界的主流趋势是越来越智能化，要求数据记录越来越大，并且要有网络能力。功耗面临越来越多的挑战,FR57xx 芯片消除了这些功耗上的障碍,同时写存储器写入次数上更有优势,这意味着开发人员可以开发更具成本效应的带遥感和无线更新功能,使用寿命更长的产品。那么在市面上是否有商用的 FRAM 产品呢? FRAM 是在商业上经过验证的,由 Ramtron 销售的半导体超过 150 万颗,FRAM 已经成为比较流行的一个选择,高可靠性要求的行业比如汽车、电梯控制、电表等都在使用 FRAM。TI 目前生产 Ramtron(http://www. ramtron. com/products/nonvolatile - memory/parallel. aspx)基于 130 nm 工艺的 4 MB 和 2 MB FRAM。

19. TI 的 FRAM 产品和 Fujitsu 的产品有什么不同?

TI 的 FRAM 产品功耗显著低,TI 的 FR57xx MCU 芯片目标市场是低功耗,FR57xx 的操作电压是 2.0 V,而 Fujitsu 的最低电压是 2.7 V。同时集成 10 位 ADC,32 位的硬件乘法等,MSP430FR57xx 也提供简易的兼容 MSP430 现有系列的开发工具。TI 的 FRAM 产品是 16 位的 MCU,而 Fujitsu 的是 8 位 MCU。

在待机模式(LPM3 模式工作 32 kHz 时钟),MSP430FR57xx 芯片功耗为 9.3 μA 比 Fujitsu 的 52 μA 低 5 倍,这样电池的使用寿命会更久。

在关机模式下 LPM4.5,MSP430FR57xx 芯片消耗 3 μA(LPM4.5),而 Fujitsu 芯片消耗 8 μA。

MSP430FR57xx 还支持状态保持的模式 LPM3.5,而 Fujitsu 芯片不支持。TI 也提供工业领先的嵌入式高密度 FRAM 架构,是业界第一个采用 130 nm 技术生产工艺的芯片厂家。

关于技术性的问题总结如下:

20. FRAM 是统一的存储区,为什么还在片上集成 SRAM?

基本上讲,SRAM 在基于 Flash 工艺的 MCU 中是不需要的。为什么在 FRAM MCU 中依然集成 SRAM,主要是为了方便用户的访问和存储,同时集成 SRAM 区域也可以和基于 Flash 工艺同样集成 SRAM 的 MSP430 保持一致。

如果用户不想使用 SRAM,可以将代码和变量放在 FRAM 块中。FRAM 有统一的存储区,这就意味着开发者可以根据开发需求对 FRAM 区域(包括代码存储区和数据存储区)进行任意划分,这样就对开发提供了一定的灵活性。另外如果用户需要对数据执行反复的读操作,而不需要写的场合,使用 SRAM 保存缓存区的数据功耗会相对低一些。同时,动态的数据保存在 SRAM 也是一个很好的选择。特别地,当要求频繁地访问和读写数据,例如栈访问,当上电之后,栈需要更新,以前保存在栈中的数据被更新,这样数据保存在非易失性存储器 FRAM 中就没有必要,用户可以使用 SRAM。

21. TLV 架构的维护是怎样的?

TI 已经采取了多种措施来保证芯片在启动的时候的安全和可靠性,例如在芯片上电的时候,内建错误冗余校验机制,TLV 架构就会被访问,在设计中,推荐对芯片回流焊之后执行在线编程。

22. 主要的竞争对手？

在超低功耗市场，目前 TI 是处于领先地位。尽管也有一些公司获得了 Ramtron 公司的 FRAM 存储器技术授权。

23. 目前的铁电 FRAM 兼容 MSP430 现有的开发平台吗？

所有的铁电 MSP430FRAM 系列和现有的 MSP430 都是兼容的，开发环境和开发工具都是一样的。在 MSP430 现有芯片上开发的代码，同样在 MSP430FRAM 产品中兼容。FRAM 和现有的 Flash MSP430 最大的优点是低功耗和写入次数的耐久性。它可以达到在活动模式下达到 110 μA/MHz 的功耗，支持 5 个 16 位定时器，远远大于现有的闪存系列的 MSP430。

24. TI 和 Ramtron 是什么关系？

TI 获得 Roamtron 公司的存储器技术 licenses 授权，到目前位置，TI 依然为 Ramtron 生产 FRAM 存储器产品。FRAM 虽然是 Ramtron 公司的产品，但是是由 TI 的工厂代工的，所以两家公司有很好的合作，TI 也十分了解 FRAM，对 FRAM 性能的完善功不可没。TI 其实为 MSP430FR57xx 这款产品已经准备了近 4 年的时间，克服了很多困难，例如制程问题，FR57xx MCU 是基于 TI 先进的低功耗、130 nm 嵌入式 FRAM 工艺。但 FRAM 还是有一个不可回避的缺陷：在波峰焊时，如果温度高于 260 ℃，FRAM 中的数据就不可靠了，所以生产的时候要特别注意。TI 的创新技术开发实现了 TI 广泛产品库的差异化以及产品在其全球制造基地的批量生产，采取的手段如下：开发具有高性价比的新型工艺平台，在功耗、性能、精度和成本方面实现跨越式改进，利用新型组件、模型和降低成本来实现工艺技术的扩展和推广，围绕面向全新市场和产品的创新、颠覆性技术开展研究工作。

25. 如何区分 FRAM 与其他存储器技术？

目前的存储器技术还有 MRAM、RRAM 和 polymer 等，但是，FRAM 是经过工厂测试和验证的，TI 在这个领域已经有 10 年的历史。

关于工具、软件和开发环境的疑问和解答如下：

26. FRAM 芯片的工具有哪些？

TI 官网的开发工具有 MSP - EXP430FR5739 实验板，同时 MSP - TS430RHA40A 也可以提供脱机编程座，便于用户通过 JTAG 口进行批量编程。

27. 什么开发环境支持 FRAM 芯片的开发？

IAR - EW430 v5.20. x 版本支持 FRAM 系列，同时 CCS v4.2.3 也支持 FRAM 系列，同时提供免费的参考源代码。

28. Grace 1.0 软件什么时候发行？

Grace 软件在 2011 年 4 月 26 日发行，后续也会有新的升级版本。

29. FRAM 芯片的应用市场有哪些？

FRAM 目前的目标市场是数据记录设备、无线传感器及便携式监护设备等应用中需要无线升级和无线通信，低功耗的场合，同时由于 FRAM 独特的结构，在系统设计的时候也可以帮用户省去充电和 Boost 电路。

4.13.2 MSP430 芯片调试应注意的问题

1. 使用 MSP430 芯片大容量 ROM 注意事项

TI 推出了用于 10 KB 以上内置 SRAM 的单片机以后，有些用户在使用中发现在 CCS 开发环境中不能设置多个大的数组，当设置多个大数组后，会无法进入硬件仿真环境（FET Debug），就连下载程序后脱机运行也不正常。针对上述问题，本节提供如下的解决办法。

首先分析根本原因，在 MSP430 中不能使用大变量的原因是因为 CCS 的编译器设置引起的，而不是 MSP430 芯片的原因。在 CCS 编译器中对 C 语言编译时会在用户程序的前面加入 RAM 的初始化程序。执行这段程序才会执行用户的程序，这段程序中有一个对用户所用到的 RAM 空间进行清零的操作。每次清一个字节的RAM，需要占用 10 个时钟周期的时间，由于这段初始化程序没有对看门狗进行任何操作，而上电复位（PUC）后 WDT 默认的是看门狗开启状态，定时时间为 SMCLK/32 768，也就是 32 768 个时钟周期。当需初始化 RAM 的数量大于 32 768/10＝3 270 时，MSP430 还没有完成程序的启动看门狗就复位了，导致 MSP430 进入不了自己的主函数即 main 函数。

下面提供两种解决办法。

方法一：将一些变量定义成 no init 类型，保证程序启动的初始化变量数目小于3 270 字节。

在程序中可以做如下设置，例如定义变量数组 BUF0～4。

```
__no_init unsigned char BUF0[MAX_DATA_SIZE];
__no_init unsigned char BUF1[MAX_DATA_SIZE];
__no_init unsigned char BUF2[MAX_DATA_SIZE];
__no_init unsigned char BUF3[MAX_DATA_SIZE];
__no_init unsigned char BUF4[MAX_DATA_SIZE];
```

方法二：修改启动代码文件，加入关闭看门狗的命令 MOV ♯0x5A80，&0x0120，修改后代码如下。

```
__program_start:
//初始化 SP 指针指向栈顶
MOV ♯0x5A80,&0x0120
MOV ♯SFE(CSTACK),SP
//确保 Main 函数被调用
```

REQUIRE? Cstart_call_main

这两种方法比较来讲,第一种方法比较简单一些。

2. 在 CCS 中查看项目中存储器的分配

使用 MSP430 单片机,在 CCS 编译器每次编译后,如何查看程序大小和 RAM 用量。这里可以通过生成的.map 文件来查看,如图 4.9 所示。

图 4.9　打开编译后的文件夹

注意到 Debug 组中有一个生成的.map 格式的文件,直接双击该文件夹就可以打开图 4.10 所示的程序和 RAM 的分配情况。

3. 在 CCS 中编程访问 MSP430F 单片机 64 KB 以上的存储器空间

在使用 MSP430 单片机时曾遇到这样的问题,在 CCS IDE 中无法通过常用的指针方式来访问单片机 64～128 KB 之间的存储器空间。其实,当初选择这款单片机的目的就是希望利用其片内存储器来实现更多数据的存储。但是如何编程实现扩展存储器空间的访问呢,下面提供解决方法。

在 CCS 下编译项目后生成的文件中有提到 DATA16_C 分段,有一个特殊的函数:__data16_write_addr,该函数把一个数据写入一个由 16 位整数指向的地址空间,它也只能访问 64 KB 以内的存储器空间。那么,是否还有其他类似的函数可以访问高于 64 KB 空间的存储器呢? 函数:__data20_read_type 能够访问 20 位整数地址空间了。不过,实际使用时不能直接这样调用,因为这只是它的一种文字表述方式,实际应像下面这样使用,代码如下:

```
#include "intrinsics.h"          // 必须引用该头文件
```

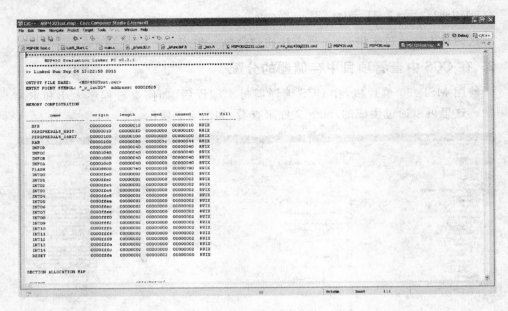

图 4.10 map 文件的部分内容

```
unsigned char cReadData;
unsigned short nReadData;
unsigned long dReadData;
cReadData = __data20_read_char(0x13880);
//读地址为 80000 处的无符号字符型数据
nReadData = __data20_read_short(0x13880);
//读地址为 80000~80001 处的无符号整型数据
dReadData = __data20_read_long(0x13880);
//读地址为 80000~80003 处的无符号长整型数据
__data20_write_char(0x13880, 0x30);
//向地址 80000 写一个字符(0x30)
__data20_write_short(0x13880, 0x3120);
//向地址 80000~80001 写一个无符号整型数据(0x3120)
__data20_write_long(0x13880, 0x12345678);
//向地址 80000~80003 写一个无符号长整型数据(0x12345678)
```

另外,intrinsics.h 头文件中还列出了其他比较实用的函数,感兴趣的读者可以仔细研究。

4. IAR 如何将二进制文件链接到代码中?

有时需要将一些二进制文件链接到项目中,怎么办呢? IAR 提供强大的链接功能。下面简单介绍一下如何把一个二进制的文件"ZROM_Data.bin"编译链接到代码中。首先要用 winhex 创建两个只有 4 B 文件的二进制文件。将这两个文件分别命名为"ZROM_BEGIN","ZROM_END.BIN",将用这两个文件来辅助定位和确定

"ZROM_Data.bin"的位置和文件大小。然后打开 IAR 项目的 OPTION 对话框,定位到 Linker→Input 标签,如图 4.11 所示。输入 ZROM_AAAA、ZROM_DATA、ZROM_ZZZZ。名字可以随意,这 3 个名字表示后面将要链接到项目的 3 个文件. 然后定位到 Linker→Extra options 选中 use command line options,在文本框输入以下命令(命令格式请按 F1 查看 IAR 帮助文件):

```
-- image_input = $ PROJ_DIR $ \ZROM_BEGIN.BIN,ZROM_AAAA,ROM_region,4
-- image_input = $ PROJ_DIR $ \ZROM_Data.Bin,ZROM_DATA,ROM_region,4
- - image_input = $ PROJ_DIR $ \ZROM_END.BIN,ZROM_ZZZZ,ROM_region,4
```

如图 4.11 所示。

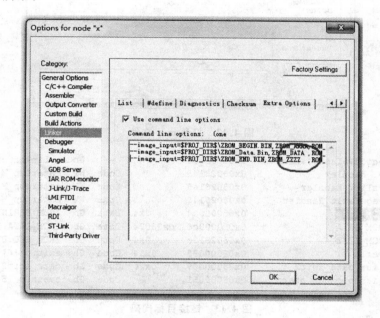

图 4.11　Linker 设置

最后,在 Linker→list 标签中选中 Generate linker map file,让链接器生成 map 文件,以确认数据是否正确链接目标代码中。注意,在输入上述命令时,请不要留空格,行尾也不能留(图 4.11 中打圈部分),否则编译不通过。

接下来查看二进制代码是否链接到目标文件中,打开 map 文件,设置如图 4.12 所示。查找"ZROM_AAAA",如图 4.13 所示,3 个二进制文件已经成功被链接目标代码。

从图 4.13 可以得知,ZROM_AAAA 的首地址为 0x080000c4,ZROM_DATA 的首地址为 0x080000c8,ZROM_ZZZZ 的首地址 0x0802313c。但是随着代码的增减,每次编译这些地址值将会发生很大的变化,如何能让自己的代码找到 ZROM_DATA 这块数据的首地址以及确定它的大小呢?另外,为什么要取名为 ZROM_AAAA,ZROM_DATA,ZROM_ZZZZ 呢?不难发现,IAR 编译成的标代码会按照

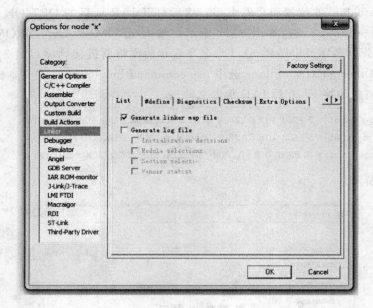

图 4.12　打开 map 文件

```
Region$$Table$$Limit    0x08000050              --    Gb  - Linker created -
SVC_Handler             0x08023145            Code    Wk  cstartup_M.o [5]
SysTick_Handler         0x08023145            Code    Wk  cstartup_M.o [5]
UsageFault_Handler      0x08023145            Code    Wk  cstartup_M.o [5]
ZROM_AAAA               0x080000c4     0x4    Data    Gb  ZROM_BEGIN.BIN [1]
ZROM_DATA               0x080000c8  0x23074  Data    Gb  ZROM_DATA.Bin [1]
ZROM_ZZZZ               0x0802313c     0x4    Data    Gb  ZROM_END.BIN [1]
__exit                  0x08000095    0x14    Code    Gb  exit.o [6]
__iar_data_init2        0x08000069    0x20    Code    Gb  data_init2.o [5]
 iar program start      0x08000051            Code    Gb  cmain.o [5]
```

图 4.13　链接目标代码

字母的顺序来链接,所以按这种命名方法,生成的代码是紧紧挨在一块的,用ZROM_AAAA的址可以确定"ZROM_Data.Bin"的开始位置,用 ZROM_ZZZZ 可以确定"ZROM_Data.Bin"的结束位置,这样,二进制文件的大小和位置都确定了,接下来用代码定位到访问这个二进制文件。

文件首地址:(u8 *)&ZROM_DATA,文件大小:(u32)&ZROM_ZZZZ-(u32)&ZROM_DATA。至此完成所有的设置。

5. IAR 编译时遇到的错误

在使用 IAR 编译一个工程时遇到如下一个问题,各个文件编译时都没报错,但是在总工程编译时候,却出现如下错误:

Fatal Error [e72]: Segment DATA20 _ Z must be defined in a segment definition option (− Z, − b or − P)

　　虽然错误中提示,是因为没有定义段 INTRAMSTART_REMAP,但是在 . xcl 文件中加入这一定义,还是没能解决问题。后来在 extra option 中加入这一段定义,如图 4.14 所示。

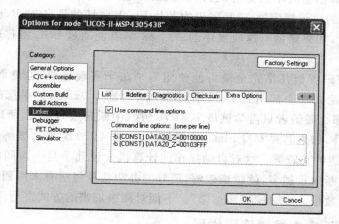

图 4.14　Extra Options 设置

再次编译,出现如下错误:

Warning[w60]: The entry point label "__program_start" was not found in any input file. The image will not have an entry point.

Error[e46]: Undefined external "__program_start" referred in ? ABS_ENTRY_MOD ( )

继续进行设置修改:

Project→Option→Linker→Config 勾选 Override default program,再选择 Defined by application,再次编译,解决问题。

4.13.3　MSP430 单片机常见加密方法

　　当产品推向市场的时候,竞争对手就开始盯上它了,如果产品硬件很容易被模仿,而且客户使用的 MSP430 单片机没有被加密的话,那么辛辛苦苦的劳动成功就很容易成为竞争对手的产品了,使用 JTAG 调试工具 FET 虽然可以将程序下载到芯片内部,但只有使用专业编程器能够防止程序被窃取。那么 JTAG、BSL、BOOT-LOADER、熔丝的区别和关系是什么?

　　JTAG 接口能够访问 MSP430 单片机内部所有资源,通过 JTAG 可以对芯片进行程序下载、代码调试、内存修改等,通过 JTAG 还能烧断加密熔丝,熔丝一旦被烧断,JTAG 接口绝大部分功能失效,就再也不能通过它进行编程了。BSL 接口是利用芯片内部驻留的 bootloader 程序实现的自编程,通过特定的时序使得 CPU 进入 bootloader 代码段,然后利用每个 MSP430 芯片内部都有的 Timer A 构成一个软件串口来与上位机通讯,这样可以将代码下载到芯片内部。实现 BSL 除了 JTAG 接口的一些引脚外,还需要用到两个 TA0 功能引脚,因此在设计产品时如果需要加密,则应该考虑将这两个引脚也连出来。注意:要烧断熔丝(加密)必须使用 JTAG 接口;

烧断熔丝后只能通过 BSL 或者用户代码来实现编程更新。

BSL 也能读出芯片内部的代码,这样可以实现编程后的校验等功能。通过 BSL 擦除所有 Flash 信息时不需要验证密码,但是要进一步操作,就得输入 32 B 密码进行验证。BSL 的协议规定这 32 B 密码为芯片 Flash 区域的最高 32 B,也就是程序的 16 个中断向量,如果您拥有这段程序的最后 32 B,就能通过 BSL 将芯片内部所有代码读取出来。

32 B 的密码看似几乎完全没可能使用穷举法来实现破解,但是 MSP430 的 16 个中断向量未必每一个都用到了,没用到的中断向量为 0xffff,如果您的程序只用到了复位向量,那么破解者只需尝试最多 32 768 次(中断向量为偶数,所以除以 2)就能将其破解,另外,如果芯片本身 Flash 容量较小,比如 4 000 B,那么破解者只需尝试最多 2 000 次就能将其破解。这对自动操作的计算机来说几乎是一瞬间的事情。那么如果用到的中断向量越多,就越难破解,最好的办法就是将所有未用到的中断向量全部填充为随机数据,这就是"高级加密"。下面对高级加密的方式进行阐述。

1. TI - TXT 文本编辑编程代码

TI - TXT 文件是 TI 公司为 MSP430 单片机定义的一种编程代码格式,其内容为纯文本格式,使用任何文本编辑器都能对其进行阅读。

可以按照以下方式生成 TI - TXT 文件,打开一个工程后,单击菜单 Project→ Options...→Linker→Output→Format→Output 一栏中选择 MSP430 - txt 即可,重新编译后生成的 txt 文件将出现在工程路径下的\debug\exe 或者\release\exe 目录下。可以参考图 4.15。

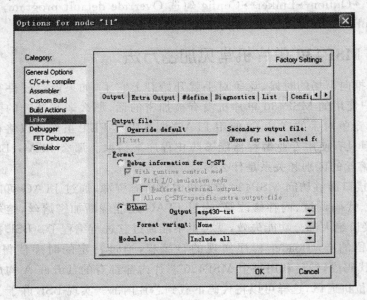

图 4.15　编译生成 txt 文件设置

下面是一个这类文件的例子：

```
@FEFE
B2 40 80 5A 20 01 F2 40 9D 00 90 00 F2 40 2E 00
40 00 F2 D0 80 00 01 00 F2 43 33 00 C2 43 95 00
C2 43 9A 00 F2 D0 20 00 53 00 F2 40 1F 00 52 00
F2 43 91 00 F2 43 92 00 F2 43 93 00 F2 43 94 00
F2 43 95 00 F2 43 96 00 F2 43 97 00 F2 43 98 00
F2 43 99 00 F2 43 9A 00 32 D0 D0 00 FD 3F 31 40
00 03 B0 12 A2 FF 0C 93 18 24 3C 40 00 02 0E 43
30 12 00 00 B0 12 C4 FF 3C 40 00 02 3E 40 FE FE
30 12 00 00 B0 12 A6 FF 21 52 3C 40 00 02 3E 40
FE FE 30 12 00 00 B0 12 A6 FF B0 12 FE FE 30 40
A0 FF FF 3F 1C 43 30 41 0A 12 1D 41 04 00 0F 4C
0A 4D 1D 83 0A 93 05 24 EF 4E 00 00 1F 53 1E 53
F7 3F 3A 41 30 41 0A 12 1D 41 04 00 0F 4C 0A 4D
1D 83 0A 93 04 24 CF 4E 00 00 1F 53 F8 3F 3A 41
30 41
@FFFE
5C FF
q
```

第一行的 @FEFE 表示从地址 0xFEFE 开始，有如下代码。每行为 16 B，每个字节使用 16 进制数表示，每两个字节之间用一个空格格开。内容末尾的 @FFFE 就是程序的复位向量，表示程序的入口地址为 0xFF5C。最后用一个小写的 q 字符加换行结束，当然也可以把中断向量的那两行放到最前面去，比如下面这段代码的含义跟上面的是一样的，同样符合规则。

```
@FFFE
5C FF
@FEFE
B2 40 80 5A 20 01 F2 40 9D 00 90 00 F2 40 2E 00
40 00 F2 D0 80 00 01 00 F2 43 33 00 C2 43 95 00
C2 43 9A 00 F2 D0 20 00 53 00 F2 40 1F 00 52 00
F2 43 91 00 F2 43 92 00 F2 43 93 00 F2 43 94 00
F2 43 95 00 F2 43 96 00 F2 43 97 00 F2 43 98 00
F2 43 99 00 F2 43 9A 00 32 D0 D0 00 FD 3F 31 40
00 03 B0 12 A2 FF 0C 93 18 24 3C 40 00 02 0E 43
30 12 00 00 B0 12 C4 FF 3C 40 00 02 3E 40 FE FE
30 12 00 00 B0 12 A6 FF 21 52 3C 40 00 02 3E 40
FE FE 30 12 00 00 B0 12 A6 FF B0 12 FE FE 30 40
A0 FF FF 3F 1C 43 30 41 0A 12 1D 41 04 00 0F 4C
0A 4D 1D 83 0A 93 05 24 EF 4E 00 00 1F 53 1E 53
F7 3F 3A 41 30 41 0A 12 1D 41 04 00 0F 4C 0A 4D
```

```
1D 83 0A 93 04 24 CF 4E 00 00 1F 53 F8 3F 3A 41
30 41
q
```

手动修改 TI‐TXT 文件来实现高级加密，下面是使用到中断向量较少的一段代码。

```
@FFE0
10 FF A0 FF
@FFFE
5C FF
```

它与下面这段代码意义是一样的。

```
@FFE0
10 FF A0 FF FF FF FF FF FF FF FF FF FF FF FF FF
FF FF FF FF FF FF FF FF FF FF FF FF FF FF 5C FF
```

这里我们把未用到中断向量改成随机数据，就实现高级加密了，不过注意不要把有效的中断向量也改了。

```
@FFE0
10 FF A0 FF A5 5A 37 21 F3 44 E0 77 9A 00 22 33
44 55 66 77 88 99 AA BB CC DD EE 3E E3 0F 5C FF
```

此外，MSP430 系列单片机的开发调试有多种技术方案，其中以 JTAG 和 BOOT‐STRAP(简称"BSL")方式最为方便。对于 Flash 型的 MSP430 单片机初期开发进行的仿真，只需要一台计算机和一个 JTAG 控制器即可实现。进入产品级开发阶段，为了保护用户代码，烧断 Flash 的保护熔丝以后就无法再通过 JTAG 口访问单片机，这时用户对 Flash 中的程序再进行检查或更新就只能通过 BOOT‐STRAP 进行。不用担心用户代码会泄露，BOOT-STRAP 提供了 32 B 256 位的密码保护，能完全确保代码的安全性。

2. 熔断加密原理方法以及实现

MSP430 系列单片机采用 JTAG(实际上称为 IEEE1149.1 或边界扫描)接口技术，实现对单片机全部存储器的访问，包括程序 Flash、ROM 和 RAM，并可对其进行擦除、读写。它能用于程序的下载，监测程序使用情况和各个变量与寄存器的使用情况，并可对其进行修改。JTAG 接口需要 4 根信号线、地线和电源线。

JTAG 接口为程序的调试、仿真及监控带来了很大的方便，大大提高了编程效率，缩短了开发周期；但在程序测试完成转换为产品推向市场时，就必须对程序代码进行加密处理，防止程序代码的泄漏。JTAG 接口的安全性很差，只要符合 JTAG 标准的控制器就可以将程序代码读出，所以必须禁止 JTAG 功能。对于 MSP430 系列单片机，禁止 JTAG 功能的途径是将单片机内部的加密保险丝熔断，熔断后的单片机就无法再使用 JTAG 功能，从而达到加密程序代码的目的。

MSP430 系列单片机在上电复位时会通过 TDI/TCLK 端对保险丝进行检测,当保险丝完好时,在 TDI/TCLK 和地之间会有 1 mA 的电流流过。保险丝检测出现在上电复位以后 TMS 端的第一个下降沿上,在第二个下降沿上会解除保险丝的检测,直到下一次的上电复位再进行保险丝检测,即在每一次的上电复位都会对保险丝进行检测。保险丝检测电流只有在保险丝检测方式时才会流过 TDI/TCLK 端,当检测不到保险丝电流时,JTAG 功能就会失效,且这种加密方式是硬件方式的加密,一旦保险丝熔断,JTAG 功能就永久失效了,无法再通过 JTAG 口访问单片机,从而保证了单片机内代码的安全。

　　MSP430 单片机保险丝的熔断必须在特定的条件下进行。简单地将 6.5 V 电压加在 TDI/TCLK 端上时,是无法熔断保险丝的,必须在一定的时序及指令下才可以完成。下面是熔断保险丝所需的指令及时序:

```
IR_SHIFT("IR_CNTRL_SIG_16BIT")
DR_SHIFT_IN(0x7201);                //TDO 信号切换为 TDI 功能,TDI 信号释放,TDO 切换为 TDI
IR_SHIFT("IR_PREPARE_BLOW");        //通过 TDO 信号端传输
MsDelay(1);                         //延时 1 ms 等待,连接 Vpp 至 TDI 信号端
IR_SHIFT("IR_EX_BLOW");             //通过 TDO 信号端给目标板发送指令
MsDelay(1);                         //延时 1 ms,将 Vpp 从 TDI 信号端移开,切换 TDI 信号端返
                                    //回,同时复位 JTAG 状态机
```

　　IR_SHIFT("IR_CNTRL_SIG_16BIT") 为切换 JTAG 进入 16 位数据接收模式;DR_SHIFT_IN(0x7201) 为将 TDO 信号切换为 TDI 功能,TDI 信号释放,为接入熔断电压 Vpp 作准备;IR_SHIFT("IR_PREPARE_BLOW") 为设置 MSP430 进入保险丝熔断方式;MsDelay(1) 为延时 1 ms,同时连接熔断电压 Vpp 至 TDI 信号端;TR_SHIFT("IR_BX_BLOW") 为执行保险丝熔断;MeDelay(1) 为延时 1 ms,同时断开 TDI 端的熔断电压 Vpp,TDI 信号端切换回 TDI 功能,JATG 状态机复位。保险丝加密熔断完成。

　　熔断加密器可以实现对 MSP430 Flash 单片机的编程、烧熔丝和 BSL 下载。可以选择编程后是否熔断芯片内熔丝,进行加密;可自行设置密码,彻底保护芯片内容;可进行完全擦除编程和保留编程,通过 BSL 方式读出目标 CPU 内的代码。熔断加密器的硬件采用了 MSP430F1111A 作为系统芯片,实现对目标 JTAG 口的通信控制、熔断电压 Vpp 的加载与分离、目标 MSP430 单片机中保险丝熔断指令的控制。在电源部分,熔断电压 Vpp 及 100 mA 的熔断电流是在 7 806 三端稳压芯片与地之间串接二极管 IN4001 来实现的;熔断电压 Vpp 的加载与分离通过继电器的通断来实现,并使用了 3 个 LED 分别指示目标单片机保险丝未熔断、正在熔断及已熔断的状态。软件部分是通过 C 语言来实现熔丝加密器与目标单片机之间的数据通信及指令控制的。以下为加密熔断器主程序:

```
Void main(void){
    unsigned char k;
```

```
WDTCTL = WDTPW + WDTHOLD;
P1DIR = 0xFE;
P1OUT& = ~BIT2;                              //断开 Vpp
P1OUT& = ~BIT3;                              //保险指示灯亮
P2OUT| = BIT5;                               //保险熔断成功指示灯灭
P2DIR = 0xEF;
While(1){
    if(P1IN&0x01) = = 0){
        ResetTAP1();
        Delay(50000);
        IR_SHIFT(0x14);
        DR_SHIFT16(0xAAAA);
        if(tdovalue! = 0x5555){              //保险丝未熔断
            P1OUT| = BIT3;IR_SHIFT(0x13);DR_SHIFT16(0x7201);
            Delay(10000);tdopin = 1;P2DIR| = BIT4;IR_SHIFT(0x22);
            Delay(50000);IR_SHIFT(0x24);delay(10000);P1OUT& = ~BIT2;


            Tdopin = 1; P2DIR| = BIT4;IR_SHIFT(0x22);P1OUT| = BIT2;
            //接通 Vpp,断开 TDI
            Delay(50000);IR_SHIFT(0x24);Delay(10000);P1OUT& = ~BIT2;
            //断开 Vpp
            Tdopin = 0; P2DIR& = ~BIT4; ResetTAP(); Delay(50000);
            IR_SHIFT(0x14);DR_SHIFT16(0xAAAA);
            If(tdovalue = = 0x5555){P2OUT& = ~BIT5;
                For(k = 1;k< = 3;k + + )delay(50000);}
            Else{
                For(k = 1;k< = 3;k + + ){
                P1OUT& = ~BIT3;delay(50000);P1OUT| = BIT3;
            Delay(50000);
            }
        }
    }
    else{
        for(k = 1;k< = 3;k + + ){
        P1OUT& = ~BIT3;                      //保险丝准备指示灯亮
        P2OUT& = ~BIT5;                      //保险丝熔断成功
        Delay(50000);
        P1OUT| = BIT3;                       //保险丝准备指示灯灭
        P2OUT| = BIT5;                       //保险丝熔断成功指示
        Delay(50000);
        }
    }
```

```
      P1OUT& = ～BIT3;                        //保险丝准备指示灯亮
   }
      }
}
```

　　该加密熔断器在实际应用中取得了非常理想的效果,可对 MSP430 系列单片机
的保险丝进行可靠而有效的熔断,完全保护了 MSP430 单片机中的代码安全。

3. 密码访问 JTAG 口

　　那么加密后的 JTAG 口,如果知道密码的情况下,如何访问呢? 下面提供了密
码访问 JTAG 口的代码。

　　下面的 MSP430FR57x 例程,使用密码通过 JTAG 口安全地访问 FR5739。这
一功能是通过 JTAG 相关的寄存器实现的。本例中的代码一旦完全执行,未来就不
可能实现对芯片的访问,除非知道相关的密码。IAR V5.10 以上的版本提供了工具
链来对密码的校验操作,如图 4.14 所示。在上电后,使用 JTAG 密码 0x22221111
来对芯片进行访问,密码的设置可以在图 4.14 中的 IAR 工程选项中 :Project→Op-
tions→FET Debugger→Download,在"JTAG password" 窗口输入密码即可。

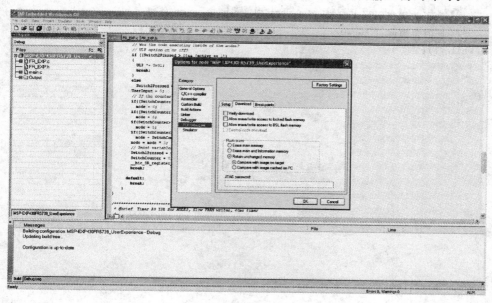

图 4.16　使用工具链来设置 JTAG Password 密码

```
//      MSP430FR5739
//      ----------------
//     /|\|                |
//      | |                |
//   —  |RST               |
//      |                  |
```

```
// 编译环境:IAR Embedded Workbench Version:5.10 和 Code Composer Studio V4.0
// ************************************************************************
# include "msp430fr5739.h"
//指针初始化
unsigned int * JTAG1 = 0;
unsigned int * JTAG2 = 0;
unsigned long * JTAGPWD = 0;
void main(void)
{
    WDTCTL = WDTPW + WDTHOLD;              // 停止 WDT
    JTAG1 = (unsigned int * )0xFF80;       // JTAG 标识 1
    JTAG2 = (unsigned int * )0xFF82;       // JTAG 标识 2
    JTAGPWD = (unsigned long * )0xFF88;    // JTAG 密码地址定位

    * JTAG1 = 0xAAAA;                      // 使能 JTAG 密码的解锁
    * JTAG2 = 0x0002;                      // 密码长度为 2 字
    * JTAGPWD = 0x11112222;                // 密码为 0x22221111

    // 为了关闭密码写入机制,写 0xFFFF 到 JTAG1 和 JTAG2 位置
    // 同时也擦除 JTAGPWD
while(1);
}
```

第 **5** 章

EMC 电磁兼容性设计因素考量

5.1 MCU 常见的电磁干扰

常见电磁干扰源诸如雷电、直流电动机、静电、开关电源、大功率器件及射频信号等以传导或辐射的方式干扰电子设备，如图 5.1 所示。

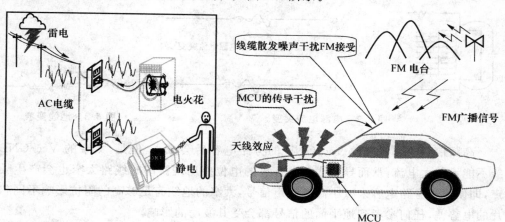

图 5.1 常见的电磁干扰

汽车中一般标准配置了 FM Radio，要特别注意干扰电波对它产生的影响。另一方面，车载机器中安装了很多的单片机产品，由于有电流在电源系统中流动，因此连接电池的电线（在汽车中被称为 harness）会产生 EMI 噪声。天线接收这些噪声，对 FM Radio 的接收产生了干扰。由于移动设备远离交流电源线，因此 MCU 的工作环境相对好一些，然而对于低压情况下的 MCU 跑飞和异常也是一个重要的考虑因素。由于噪声或者电磁传导进入 MCU 或者嵌入式系统，导致系统出错或芯片失效。下面介绍外在的噪声源以及相应的保护措施。

EMS 设计的问题不仅来自于 AC 供电线,而且包括移动设备等需要电池供电的设备。当然,如果 MCU 的操作环境和 AC 线是隔离的最好。当今对于 MCU 系统设计在低压环境的异常讨论也很多,本章会讲述实践证明好用的 EMS 方法,使用这些方法可以顺利地通过高达 3 kV 的噪音波形测试。

MCU 工作中常见的干扰有以下 5 种。

① 开关噪声引起的干扰叠加串到电源(地),通过旁路电容串到地(电源)线导致各处的 Vcc 和 GND 电势不同。这种情况往往会导致 MCU 的电源突变,毁坏器件。电源电流突变的情况如图 5.2 所示。

电源电流的突然变化,输出缓冲器的信号同时变化,引起干扰的叠加,串到这个器件的 Vcc 和 GND 上,再通过旁路电容传到 Vcc 和 GND 上,造成各处电位不同。一种情况是由于缓存器同时的开关切换,当有电流突然流入到其信号线端口,这时就会在 Vcc 或 GND 线上产生波动。另一种是电源端口电流的突然变化,电流会流入缓冲器的信号线,这样反映在 Vcc 线上的波动。由于 Vcc 和 GND 布线长度的不同,会产生相位的延迟,就会导致在不同的线路上电位的不同。

② 地线窄,阻抗变大,高频信号会导致各处地电势不同。这种情况会使得 MCU 采集数据误差增大,比如 A/D,运放的参考改变等。地线变窄如图 5.3 所示。

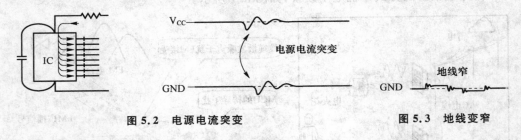

| 图 5.2 电源电流突变 | 图 5.3 地线变窄 |

高频信号的阻抗通过 Vcc/GND 的旁路电容后会减小,但是,太窄的 Vcc/GND 线不能承载大电流,从而导致线路上各点的电位差出现。同时线路太窄也会产生噪声,即便通过旁路电容来减小高频噪声信号,太窄的地线有足够高的阻抗影响不同芯片的电势差,任何参考到地平面的信号都会受其波动的影响。

③ 如图 5.4 所示,信号 A 的电平变换通过寄生的阻抗(电容/电感)耦合到信号 B,引起信号 B 失真(如跳线跨接信号线),导致 MCU 误动作。

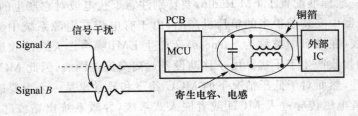

图 5.4 信号的寄生干扰

信号线通过跳线相互跨接,信号 A 的电压突变会引起信号 B 的失真,还有一种情况是噪声通过在电路设计中不能直接看到的一些寄生电容/电感等耦合到系统中。

④ 数据输出端的输出阻抗与接收端的输入阻抗不匹配,造成信号反射叠加在原始信号上,导致信号失真。这种情况下会导致数据传输错误,系统误动作。

在信号传输过程中波形失真,当信号传递过程中由不同的阻抗的输出缓存器输出,信号的失真会反应到输出端子上。这种失真会叠加,导致信号更严重的失真,这样信号接收端就不能正常地反应发送端信号,信号不能正常接收。如图 5.5 所示,这里信号 A 的是由一个芯片的输出缓冲器输出,其输出阻抗不同于接收端芯片的输入阻抗,因此信号的 A 就会被接收端影响,引起波形的畸变,叠加在正常的信号上出现信号 A',在信号路径上的多个不匹配就会在接收端出现信号 A'',导致更严重的失真。这在设计中尤其是要避免的。

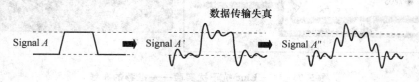

图 5.5　信号传输失真

⑤ 在 AC 线和电动机线附近的信号线可能会受电磁传导的影响,导致信号失真。如图 5.6 所示,信号线靠近 AC 线或电动机等大功率器件,电磁感应引入低频干扰,导致信号失真(如干扰时钟信号或复位信号),这种环境下往往会出现 MCU 死锁,程序跑飞的现象。

图 5.6　电磁感应干扰

从受干扰的角度讲,差模干扰危害大,从电磁辐射角度讲,共模危害大。PCB 上的 EMI 源主要来自数字电路的周期开关。经验数据:对于直径 2 mm 以下的导线,其寄生电容和电感分别是 1 pF/英寸和 1 nH/mm。

图 5.7 为 AC - Line 抗干扰实验推荐的布线。可以比较一下图 5.8 所示错误的布线。在这里主要介绍 3 类方法。

① 优化 PCB 布线。包括元件布局、布线宽度/布线间隙的设计、地线/电源线的布置、时钟电路、复位电路及去耦电路的设计。

② I/O 端口的处理,主要是悬空 I/O 口的处理。

③ 上述两种是硬件上的措施,第 3 种是软件上的优化程序结构设计,包括指令冗余设计、软件陷阱,并结合软件使用看门狗等。

电源线加入噪声(100~4 000 V,噪音周期10 ms,噪音脉冲宽度50 ns,正负极性),持续1 min,根据LED状态判断MCU的运行是否正常

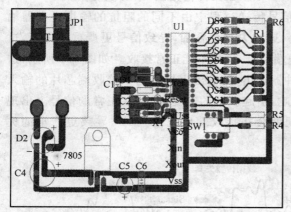

图 5.7   AC – Line 抗干扰实验——推荐的布线

电源线加入噪声(100~4 000 V,噪音周期10 ms,噪音脉冲宽度50 ns,正负极性),持续1 min,根据 LED 状态判断MCU的运行是否正常

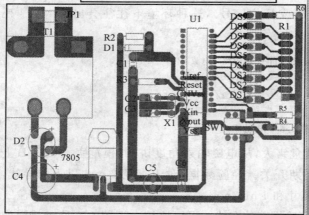

图 5.8   AC – Line 抗干扰实验——错误的布线

图 5.9 为修正错误布线后的图,从修正前到修正后 AC – Line 抗干扰实验结果对比见表 5.1。

電路修改:
1.晶振地线
2.复位电路位置
3.CNVSS外围电路

测试结果见表5.1

（图中标注：复位电路、晶振地线、CNVSS电路）

图 5.9　AC – Line 抗干扰实验——修改错误的布线

表 5.1　AC – Line 抗干扰实验结果对比

布线 / 极性 / 电压/V	推荐的布线 +			推荐的布线 -			不推荐的布线 +			不推荐的布线 -		
4 000	×	○	○	×	×	○	×	×	×	×	×	×
3 900	×	○	○	×	○	○	×	×	×	×	×	×
3 800	×(2)	○	○	×	×(2)	○	×	×	×	×	×	×
3 700	○	○	○	○	○	○	×	×	×	×	×	×
3 600	○	○	○	×	○	○	×	×	×	×	×	×
3 500	○	○	○	×(2)	○	○	×	×	×	×	×	×
3 400	○	○	○	○	○	○	×	×	×	×	×	×
3 300	○	○	○	○	○	○	×	×	×	×	×	×
3 200	○	○	○	○	○	○	×	×	×	×	×	×
3 100	○	○	○	○	○	○	×	×	×	×	×	×
3 000	○	○	○	○	○	○	×	×	×	×	×	×
2 900	○	○	○	○	○	○	×	×	×	×	×	×
2 800	○	○	○	○	○	○	×	×	×	×	×	×
2 700	○	○	○	○	○	○	×	×	×	×	×	×
2 600	○	○	○	○	○	○	×	×	×	×	×	×
2 500	○	○	○	○	○	○	×	×	×	×	×	×
2 400	○	○	○	○	○	○	×	×	×	×	×	×
2 300	○	○	○	○	○	○	×	×	×	×(1)	×	×
2 200	○	○	○	○	○	○	×	×	×	×(2)	×	×
2 100	○	○	○	○	○	○	×	×	×	×(2)	×	×
2 000	○	○	○	○	○	○	×	×	×	×(2)	×	×
1 900	○	○	○	○	○	○	×	×	×	×(2)	×(1)	×
1 800	○	○	○	○	○	○	×	×	×	×(2)	×	×
1 700	○	○	○	○	○	○	×(1)	×	×	×(2)	×	×
1 600	○	○	○	○	○	○	×(2)	×	×	×(2)	×	×
1 500	○	○	○	○	○	○	×(2)	×	×(1)	×(2)	×	×(1)
1 400	○	○	○	○	○	○	×(2)	×(1)	×	×(2)	×	×
1 300	○	○	○	○	○	○	×(2)	×	×	×(3)	×	×
1 200	○	○	○	○	○	○	×(2)	×	×	×	×	×
1 100	○	○	○	○	○	○	×(2)	×	×	×	×	×
1 000	○	○	○	○	○	○	×(3)	×	×	×	×	×
900	○	○	○	○	○	○	○	○	○	○	○	○
800	○	○	○	○	○	○	○	○	○	○	○	○
700			布线可比结果						修改对比结果			
600												
500	○	○	○	○	○	○	○	○	○	○	○	○
400	○	○	○	○	○	○	○	○	○	○	○	○
300	○	○	○	○	○	○	○	○	○	○	○	○
200	○	○	○	○	○	○	○	○	○	○	○	○
100	○	○	○	○	○	○	○	○	○	○	○	○
电压/V 单片机速度	1/1	1/2	1/8	1/1	1/2	1/8	1/1	1/2	1/8	1/1	1/2	1/8

注：① 电压表示噪音峰值（较高的数值代表较强的抗噪音能力）

② 极性表示加入到目标板电源中的噪音极性；单片机速度采用主时钟的 1/1、1/2、1/8 分频；"○"表示单片机正常工作

③ "×"(1)表示复位无法释放；"×"(2)表示复位→重新启动→复位；"×"(3)表示主循环程序错误或失控

④ 黄色表示晶振；绿色表示全部

采用推荐的布线之后，如图 5.10 所示，在测试条件下，系统所有的工作状态正常。大面积覆铜，效果不佳，必须采用时注意去耦电容的位置布局，按照走线最短、线宽、间隔、覆铜线宽 15 mil，间隙 1.5 线宽的原则进行。

测试要求：
电源线中加入EFT干扰信号(峰值4 kV,频率2.5 kHz),在所有耦合方式下的持续1 min,判断功能演示板工作状态
测试结果：
两种被测电路板均通过了所有耦合条

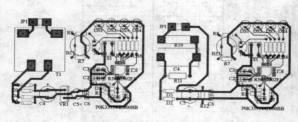

图 5.10　EFT 抗干扰实验——推荐的布线

5.2　MCU EMC 抗干扰设计的措施

5.2.1　抗干扰措施——缩短布线长度

数据通信速率要求不高的情况，MCU 和 IC 要尽可能地近或者串接阻抗匹配电阻，如图 5.11 所示。在不需要高速数据传输的条件下，推荐使用串行总线和外围 IC 接口。如果必须要采用并行传输数据，尽量设计 MCU 与外围 IC 越近越好，而且以并行的形式连接总线。这里有一些 EMS 保护方面的措施可以在实际应用中使用，首先，如果微处理器连接外围的 IC 不需要高速数据传输，可以用双总线来代替并行

总线,在一些条件下,最好是使用两种独立的总线形式,并行总线和串行总线。

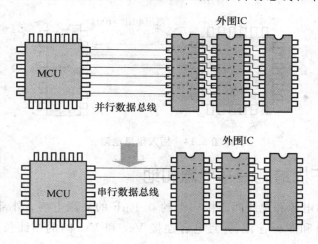

图 5.11　串行总线代替并行总线(适用于速率要求不高的情况下)

　　另外使用存储器时,最好采用内部存储器,减少布线长度和噪声干扰,如图 5.12 所示。目前嵌入式微处理器发展的趋势是尽可能做成更大的 Flash 或者 RAM 集成在片内(图 5.13),传统的设计中一般都是 MCU 外扩外围存储器,从 EMS 保护策略方面来讲,使用集成的内部 RAM 效果会更好,而且成本和 PCB 设计的尺寸都会小很多,另外由于不需要额外的片外存储器,噪声也减小很多。有时为了获得更大的存储器,单片 MCU 的 RAM 不够大,使用多片 MCU 进行通信级联。

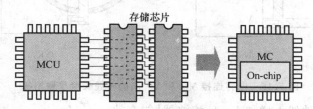

图 5.12　MCU 内部存储器代替外扩存储器

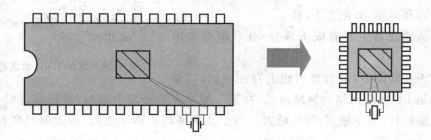

图 5.13　选取尽可能小的封装,减少总的布线长度

采用并行总线和外扩时,IC 尽可能靠近 MCU;受布局限制,信号线长时,插入阻

尼电阻,如图 5.14 所示。

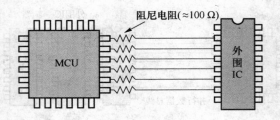

图 5.14　插入阻尼电阻

5.2.2　抗干扰措施——电源和地

在单片机的电源和地线间连接一个约 $0.1\ \mu F$ 的去耦电容,外部供电电源经由去耦电容与 Vcc 和 Vss 连接,并且电容连接 Vcc 和 Vss 间的布线长度尽量相等,如图 5.15 所示。

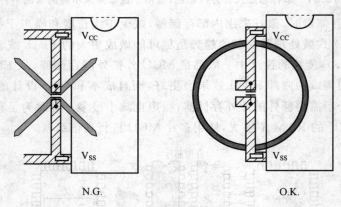

图 5.15　电容连接 Vcc 和 Vss 间的布线长度尽量相等

在电源线和地线上增加 L - C 滤波器,能有效抑制开关噪声(高频)串入电源线和地线,电容在高频时容易谐振,如图 5.16 所示。

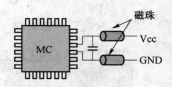

图 5.16　增加 L - C 滤波器

低通滤波器主要有以下两种:并联谐振和串联谐振。

对于并联谐振:电容器引线上存在电感,其衰减曲线是 LC 串联网络的衰减曲线,在某一频率点上会发生谐振,谐振点过后,电容呈现电感特性,频率越高,阻抗越大。当干扰频率超过谐振点后,滤波效果变差。要滤出高频的电磁干扰,一定要使电容器的谐振频率高于干扰频率。$F=\dfrac{1}{2}\pi\ \sqrt{LC}$,所以,提高谐振频率,就是减小电容、电感;所以滤出高频采用小电容,滤出低频采用大电容。兼顾高低频采用大电容并联小电容。

对于串联谐振 LC：高于谐振点，电感呈现容性，高频滤波能力差；低通滤波器，1 MHz 以下的信号能无损耗地通过铁氧体去耦电容选用低的等效串联电阻，到地的阻抗更小，即使在高频时，呈现感性，也能较好地去耦。

采用大面积敷铜(地平面)，代替窄的地线，能有效地抑制干扰造成的各处的电势差异，如图 5.17 所示；地电势不稳定能严重影响运算放大器，A/D 和传感器等低电平模拟电路的性能。

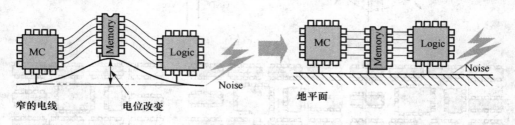

图 5.17　大面积敷铜(地平面)

电路板布线最重要的是电源线和地线的走线。从这点来考虑，双面板和四层板具有明显的优势，它们可以在较小的区域焊接更多的元器件，缩短布线的长度，简化系统设计，它们也降低了信号线的阻抗，单面板是 200 Ω，双面板大约是 100～150 Ω，四层板大约是 50～100 Ω，它们也能对噪声进行有效的处理，同时使用这些方法可以减少一些元件，缩短系统开发的周期。

特别地，在双面板上，可以将 GND 布在一面上；如果是四层板，可以将 Vcc 和 GND 放在板子的里层。由于它们减小了从芯片经旁路电容线路的阻抗，这些方法提供了良好的 EMS 保护。另外，它们也可以让噪声尽快地从信号线到地线之间发散出去，事实上，即便有很强的噪声进入电源线，在铺地平面上也没有什么变化，相反如果使用窄的 GND 布线，噪声会带来明显的电位变化，使得 MCU 嵌入式系统正常的功能失效。在特殊的场合，Vcc 和 GND 线应串接磁珠(电感)。

如图 5.18 所示，布板时，尽量按照以下的要求执行：采用多层板；如果是双面板，最好整个电路板敷铜；如果局部敷铜，电源和地平面需要对称；采用网状或环状布线；采用并行布线，并尽量等量。

其实 50 Hz 或 60 Hz 的家用电源的频率产生的感应电压在 100 cm² 的环状面积上大约产生 1～10 mV，远比非环状是因为共同阻抗而产生的噪声(100 mV～1 V)要小，所以逻辑电路中的电源要尽可能做成环状或者网状。但也要尽力减小环的面积；对于接地主要有单点接地和多点接地。对于单点接地来说，数字、模拟、电机、电机驱动等采用串联一点接地(星形)，然后各部分采用并联接地；对于多点接地方式来说，地线较短，适用于高频情况，但形成了环路，对低频信号会产生影响；共模辐射是由于接地电路中存在电压降，通常规则：频率在 1 MHz 以下，采用单点接地；高于 10 MHz 采用多点接地。

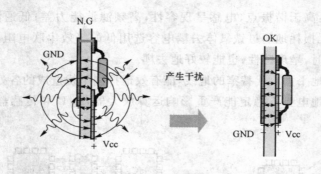

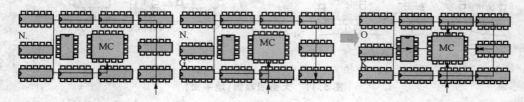

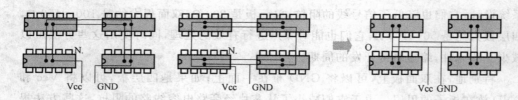

图 5.18　推荐的布板

　　如果设计中使用多层 PCB,在整个单面板上使用整块的 Vcc 和 GND 平面,如果整个区域不能使用这样的铺底方式,则在半个区域中使用,在这种情况下,Vcc 和 GND 应该铺在表面。如果 Vcc 和 GND 平面不能在 PCB 的两面铺地,则电路很容易捕获到常见的噪声,由于电磁场的辐射,会产生天线效应。

　　多层 PCB 主要的缺点是成本的问题,如果设计中不能做多层板子,实际中也有一些对系统电源和地线的抗噪措施。一种就是设计中使用环路和网状的方式,相比于并行走线形式,使用环路和网状可以减小 Vcc 和 GND 的阻抗。GND 布成环形的负面是电磁信号的变化会经过环路,会在环路上产生感应电压,大多数情况下推荐使用多层板,如果多层板不能使用,则网状 Vcc 和 GND 引起的阻抗会小一些,事实上,在环路上,50/60 Hz 频率的电压大概在 $100\ \text{cm}^2$ 的区域内会产生 $1\sim10\ \text{mV}$,这比不使用环路电路产生的共模阻抗(大概 $100\ \text{mV}\sim1\ \text{V}$)小很多,因此,在逻辑数字电路的 Vcc 应该布成环路或者网状类型。

5.2.3　抗干扰措施——接地的设计

串联单点和并联单点混合接地如图 5.19 所示。

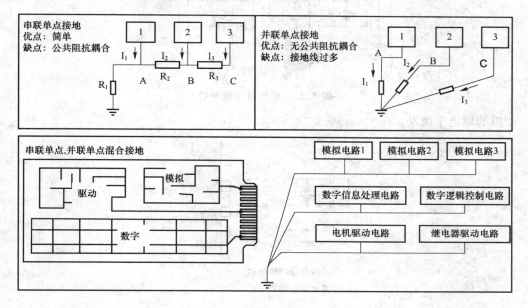

图 5.19　接地

5.2.4　抗干扰措施——时钟电路

如图 5.20 所示,单片机和系统时钟振荡电路应远离大电流信号线,以降低因电磁感应产生的噪声。

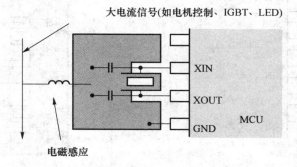

图 5.20　远离大电流信号线

系统时钟振荡电路应远离电平变化剧烈的信号线,例如 CNTR 信号线,如图 5.21 所示,以降低感应造成的时钟信号波形失真导致程序跑飞的可能性。

如图 5.22 所示,用地线对晶振部分进行屏蔽保护:用尽可能短的线连接晶振部分的地线和单片机的地线,并与系统其他部分的地线相分离,以减少工作时晶振及单

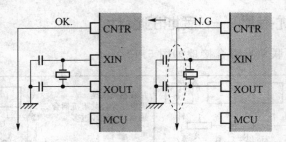

图 5.21 远离特殊信号线

片机的地电平波动。

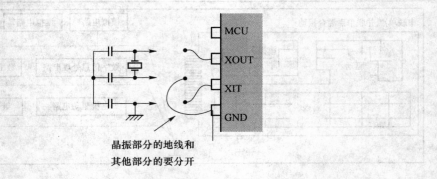

晶振部分的地线和
其他部分的要分开

图 5.22 地线对晶振部分的屏蔽保护

如图 5.23 所示,如果系统中使用两个时钟,两个时钟信号可能会相互干扰,所以布线时要隔离两个时钟信并加粗地线。

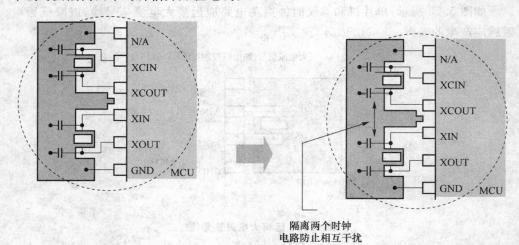

隔离两个时钟
电路防止相互干扰

图 5.23 时钟的布线

如果系统中使用双时钟(一个用于 MCU 操作,另外一个用于日历等),一定要注意这两个时钟信号可能会互相干扰,产生电压的不稳定性,设计中可以尽量减小和消除这种可能,即便这两个时钟电路的引脚连接很近,布线的时候,隔离时钟元件和线路,扩展地平面的宽度。如果电路使用 OTP 器件,例如 EPROM,在芯片被写入程序焊接到板上后,应当注意 Vpp 的编程电压引脚很容易引入 EMS,为了防止外部的噪声引起数据的读写错误,在 Vpp 引脚上拉几千欧到几百千欧的电阻到电源或者地。

如图 5.24 所示,程序写入 QzROM,模式控制管(Vpp/CNVSS)脚需要外部提供 7.9 V 电压;应用时,模式控制管脚外部串接电阻抑制干扰,连接模式控制电路的布线尽量短,保证可靠接地,以减少由于干扰脉冲造成的数据丢失或改写。

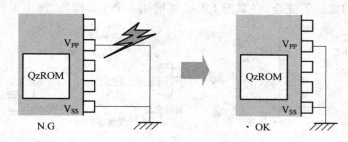

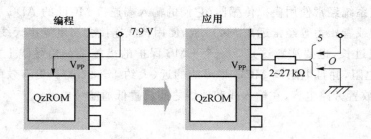

图 5.24　QzROM 电源的设计

5.2.5　抗干扰措施——复位信号的处理

如图 5.25 所示,连接复位电路(RESET)的布线尽量短,并在复位端和地线间增加滤波电容以增加复位的可靠性;一些设计从成本的角度考虑采用 RC 作为复位电路,但抗干扰性差,推荐使用专门的复位芯片,如图 5.26 所示。

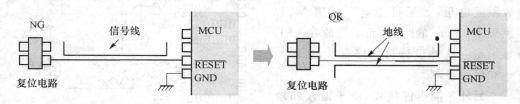

图 5.25　复位线尽量短

如图 5.27 所示,一些 MCU 应用系统中,复位电路距 MCU 较远,外在的干扰容

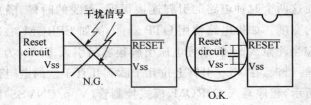

图 5.26 使用复位芯片

易引起 MCU 的复位不完全,在靠近 MCU 侧增加一个 RC 滤波,滤出干扰。

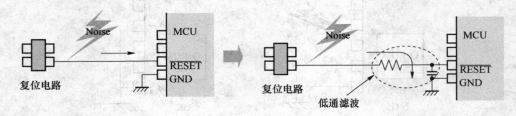

图 5.27 增加 RC 滤波

嵌入式系统经常使用模拟传感器,它们的输入端连接 MCU 的 ADC 引脚。传感器测量温度或者压力等经常远离 MCU 板,使用长线连接会产生噪声天线的效果,如果电路引线过长,也要注意这点。一个 EMS 保护的措施是在信号线上加入 100～1 000 Ω 的电阻,并且电阻离 MCU 尽可能的近(大约 1～2 cm)。更有效的措施是在 MCU 附近放置旁路电容,在输入线和地线之间放置低通滤波电路。

5.2.6 抗干扰措施——远离 MCU 信号的处理

LED 器件一般距离 MCU 较远,信号线长容易引入噪声干扰,将限流电阻靠近 MCU 放置,可以有效抑制噪声干扰。

设计中常有 LED 显示,图 5.28 中长的布线连接 MCU 和 LED 会带来外部的噪声。为了进行 EMS 保护,可以放置限流电阻,如果可能电阻要离 MCU 大概 1～2 cm 的距离,而不是放在 LED 显示端。这种设计可以降低大约 50%～80% 的噪声。

另外光耦也能抗噪,由于输入和输出通过光耦合,也能很好地放置噪声。当一个器件突然受到一个大噪声干扰,

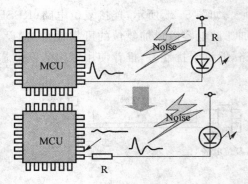

图 5.28 MCU 连接 LED

例如 1 RV 的干扰脉冲,由于寄生的电容,就会引入大量的干扰,一个很明显的噪声会通过光耦的 LED 边,在 MCU 附近放置电阻可以减小这种噪声。

　　LED 等一般远离 MCU,所以信号线长,容易形成天线效应,产生大的噪声。这种情况下,在 MCU 附近焊接一个限流电阻,通常距离为 1～2 cm。采用这种手段比不采用任何措施,将会有 2～5 倍的改善。

　　下面考虑复位线,它用于初始化内部 MCU 的状态,通常在嵌入式系统中,开关芯片和外围电路产生复位信号。如果和复位线交叉的线引入噪声脉冲,MCU 可能不会正常地初始化,导致 MCU 的地址信息出错,诸如程序计数器状态出错,这样MCU 就会运行失控,为了防止出现这类情况,推荐的措施是在复位线上加入 RC 低通滤波器。

　　如图 5.29 所示,在模拟信号输入端口线上串联电阻(100～1 000 Ω),并在模拟输入端口增加滤波电容(1 000 pF);电容和电阻距离单片机尽可能近。

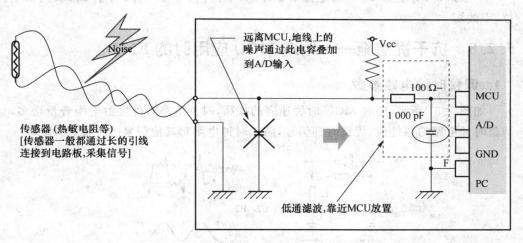

图 5.29　信号线与 MCU

5.2.7　抗干扰措施——未使用管脚的处理

　　未使用管脚的正确处理方式如下。

　　① 输入模式:用 1～10 kΩ 的电阻将各管脚上拉或下拉;有内部上拉的,也可选用;选用外部电阻对外部的 EMI 水平较低;选用内部电阻时,抗干扰性能优于外部。

　　② 输出模式:管脚开路,输出高或低电平。

　　未使用管脚处理时的注意事项如下。

　　① I/O 口设置成输入时,不要开路。

　　② I/O 口设置成输入时,不要直接连接到 Vcc 或 Vss,也不要一个电阻将多个端口一起连接到 Vcc 或 Vss,以防止因噪声和程序失控等引起方向寄存器变成输出模式时,断口间发生短路。

③ 采用输出模式,软件处理上要定期地刷新端口的状态,以防止因噪声和程序失控等引起方向寄存器变成输入模式时,端口电平不定,可能会造成电源电流增大。

正确和错误的电路如图 5.30 所示。

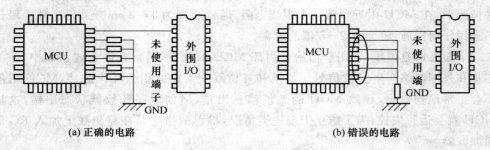

(a) 正确的电路 　　　　　　　　　　　　　　　(b) 错误的电路

图 5.30　关于未使用的引脚正确和错误电路

一般来讲,对于 EMI:内部上拉不如外部;下拉内、外都一样;对于 EMS:内部上拉,引线短。

5.2.8　抗干扰措施——削减 MCU 应用时的 EMI

1. 调整时钟电路参数

如图 5.31 所示,随着 MCU 时钟速度的提高,时钟电路对外发射的噪音量增多,调整时钟电路的器件值,优化时钟信号,防止时钟电路对其他信号的干扰。

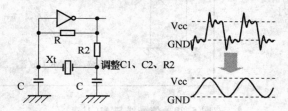

图 5.31　时钟电路的设计

伴随着 MCU 时钟速度的增加,不需要的时钟电路发射的噪声越来越高。对于 MCU 工作范围 3～5 V,有必要针对不同的工作电压查看一下其固定的晶振电路参数,否则不合适的设计,会造成从时钟电路中产生大量不需要的噪声。尽可能使用比较低的时钟频率,在正常的工作电压下,检查时钟电路的输出,同时查看最大的操作电压范围,如果有发现信号扭曲失真,改变晶振电路元件,让波形平滑输出,可以调整图中的 C1、C2 和 R2。

2. 调整系统时序

如图 5.32 所示,分散信号输出时序,防止事件驱动信号电平同时变换引起的开关噪声的叠加。

3. 降低 MCU 工作电压

如图 5.33 所示,噪声强度与电压的平方成正比,降低 MCU 工作电压,能极大降低干扰。

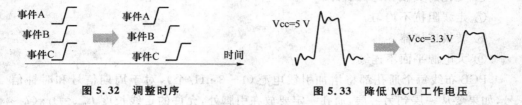

图 5.32　调整时序　　　　　　　图 5.33　降低 MCU 工作电压

噪声强度的定义(P):$P=VI=VV/Z=V^2/Z$,因此 Vcc 电压从 5 V 减小到 3.3 V,低压也会减小噪声辐射,理论上,噪声会减小大概 57%,低压电路保证了更大的内部参数设计能力,实际上噪声会减小得更小,因为 MCU 从内部的电压调整管供电,而且为 MCU 独立供电。设计中可以使用低压 Vcc 和大容量滤波电容。

4．串接阻尼电阻

如图 5.34 所示,靠近信号输出端串接阻尼电阻($100\sim150\ \Omega$)抑制因发送端和接收端阻抗不匹配引起的信号反射或衰减造成干扰,而且能抑制开关噪声对其他信号的影响。

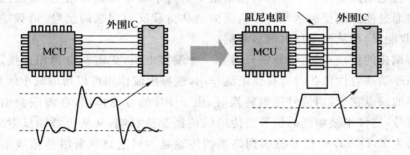

图 5.34　串入阻尼电阻

发送通道距离小于信号波长时可以不串接电阻,当信号线超出此范围,串接电阻有两个好处,抑制振铃和外部干扰(优化 2 倍对于没有电阻的情况)。也就是说,在导线中传输信号的往返传输延迟时间超过开关电流在逻辑状态之间的转换时间,必须看成传输线衰减震荡,指信号稳定前出现的过从和欠从,也是反射的等效形式;过从是电源电平之上或地参考电平之下的额外电压效应。欠从是指电位没有达到最大及最小转换电平值所期望的幅度。

下列走线阻抗不连续容易造成反射。

① 走线宽度变化。

② 网络终端不匹配。

③ 没有终端。

④ T 型接线器或二分支走线(分成两个不同位置的单一走线)。

⑤ 布线间的过孔。

⑥ 变化的负载和逻辑器件。

⑦ 走线阻抗不均匀。

⑧ 转换连接器。

⑨ 大电源平面不连续。

PCB 布线每个通孔都将增加引线电感(1~3 nH/个),对于周期信号和时钟信号,如果要从一层到另一层,通孔一定要放在引脚处,允许的走线长度 L_{max}＝trx(7~9),后向串扰危害大,干扰信号传到源端;前向串扰,干扰信号传到负载端 PCB 布线的 3－W 原则,防止串扰:信号线距离高位信号(时钟、差分对、视频、音频、复位线)的间距要大于高危信号线的 2 倍以上,TTL 及 CMOS 在逻辑高或低时具有不同的输出阻抗,接收端也可能有不同的输入阻抗,这时串接电阻不是最佳选择。

串接是在信号能量反射回源端之前在负载端消除反射,一般包括并行端接和串行端接。并行端接主要是在尽量靠近负载端的位置加上拉和/或下拉阻抗以实现终端的阻抗匹配。串行端接是通过在尽量靠近源端的位置串行插入一个电阻 RS(典型 10~75 Ω)到传输线中来实现的,如图 5.34 所示。串行端接是匹配信号源的阻抗,所插入的串行电阻阻值加上驱动源的输出阻抗应大于等于传输线阻抗(轻微过阻尼)。这种策略通过使源端反射系数为零从而抑制从负载反射回来的信号(负载端输入高阻,不吸收能量)再从源端反射回负载端。

串行端接的优点在于:每条线只需要一个端接电阻,无需与电源相连接,消耗功率小。当驱动高容性负载时可提供限流作用,这种限流作用可以帮助减小地弹噪声。串行端接的缺点在于:当信号逻辑转换时,由于 RS 的分压作用,在源端会出现半波幅度的信号,这种半波幅度的信号沿传输线传播至负载端,又从负载端反射回源端,持续时间为 2TD(TD 为信号源端到终端的传输延迟),这意味着沿传输线不能加入其他的信号输入端,因为在上述 2TD 时间内会出现不正确的逻辑态。并且由于在信号通路上加接了元件,增加了 RC 时间常数从而减缓了负载端信号的上升时间,因而不适合用于高频信号通路(如高速时钟等)。

在信号传输端要注意串行匹配电阻的放置。信号的传输通道等效为由电感"L"和电容"C"组成,这两个组件以不同的方式提供能量。振铃信号反射频率是信号环路时间的两倍。因此,线有 20 cm 长,上升频率为 250 MHz,波长为 4 ns。为了消除传输通道上不需要的信号反射和能量消耗,常用的方法是在信号的接收端放置匹配电阻,或者在输出缓冲端放置冗余电阻。在输出缓冲器端输出超过允许的数值,或者是在接收端放置电阻时会导致输入电流过小(即便终端有偏执电压),理想的方案是在输出缓冲器段放置阻尼电阻。如果信号的传导路径比信号的波长短,匹配电阻就不需要了。在高频情况下,总线是信号传输的通道,在通道上阻抗的不匹配会导致振铃形式的噪音,其频率是信号传输路径时间的 2 倍。由于波的周期是 4 ns,一个 20 cm 的信号线会有 250 MHz 的振铃频率。传统的消除不需要的反射信号的方法是在发射通道散射能量,可以通过在输出缓冲器端加入阻尼电阻,阻尼电阻大约 5 kΩ 左右,注意如果这个数值太高,会产生一些问题。或者在接收端器件对地加入终端电阻。添加阻尼电阻是最好的方案,但是当终端加入电阻,会在输出缓冲器端得到异常高的电压或者是在输入端的不对称输入电流。首先,请记住如果保持传输通道的波长比信号波长短,将最大限度降低振铃,所以阻尼电阻在这种情况下可以不需要。当然,为了减小 EMI,必须尽可能地消除从输出缓存器到驱动器的开关噪声。如果多个信号同时出现电平变换,噪声会被叠加。如果可能,可以考虑修改系统时序,错开这些时序可以消除噪音,消除噪音的瞬时跳动。

另外,推荐采用内部存储器代替外部存储器。由于访问外部的系统存储器需要驱动外设总线,需要更多的命令信号线。从 EMI 方法考虑,这是严重的缺陷。单芯片的 MCU 在访问嵌入式存储器时不需要驱动外围的总线。由于信号控线更少,系统可以工作在更高的时钟频率下,对外释放的能量会小一些,此外使用集成的片内存储器,可以省去片外存储器的需求,这样可以消除 MCU 和存储器之间信号线的 EMI 干扰源。

设计中最好采用 QFP 封装,而不是 DIP 封装。这样设计不仅是焊接面积的因素,同时也是 EMI 的考虑,可以极大地减小天线效应。另外尽量让信号线短。

5.2.9　抗干扰措施——PCB 布线

如图 5.35 所示,优化 PCB 板上的走线,尽可能地减少环路的面积;MCU 的信号线或数据线要尽可能地远离电源部分。

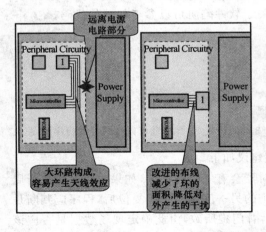
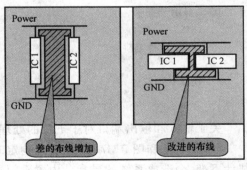

图 5.35　PCB 抗干扰布线

多级电路的接地点应选择在低电平级电路的输入端,光耦的作用就是切断两电路之间的地回路,在数字电路中使用一般地线的长度不要超过信号波长的 1/20。采用串联单点、并联单点回合接地。

5.2.10 抗干扰措施——软件设计

系统开机自检包括：①RAM 检测，写入再读出，比较；②I/O 状态检测；③其他外围电路检测。

再有就是指令冗余操作，即在关键地方的多字节指令之后插入 2 个以上的单字节指令（NOP），避免后面的指令被当作操作数。CPU 取指令过程是先取操作码，再取操作数。当计算机受干扰出现错误，程序便脱离正常轨道"乱飞"，当乱飞到某双字节指令，若取指令时刻落在操作数上，误将操作数当作操作码，程序将出错。若"飞"到了三字节指令，出错机率更大。在关键地方人为插入一些单字节指令，或将有效单字节指令重写称为指令冗余。通常是在双字节指令和三字节指令后插入两个字节以上的 NOP。这样即使乱飞程序飞到操作数上，由于空操作指令 NOP 的存在，避免了后面的指令被当作操作数执行，程序自动纳入正轨。

此外，对系统流向起重要作用的指令如 RET/RTI/RTS、RETI、LCALL、LJMP、JC 等指令之前插入两条 NOP，也可将乱飞程序纳入正轨，确保这些重要指令的执行。

另外还有软件陷阱操作，在程序存储器中总会有一些区域未使用，如果因干扰导致单片机的指令计数器计算机值被错置，程序跳到这些未用的程序存储空间，系统就会出错。软件陷阱是在程序存储器的未使用的区域中，加上若干条空操作和无条件跳转指令，无条件跳转指令指向程序"跑飞"处理子程序的入口地址。如果程序跳到这些未用区域，就会执行无条件跳转指令，转到相应的程序出错"跑飞"处理程序。除程序未用区域外，还可以在程序段之间（如子程序之间及一段处理程序完成后）及一页的末尾处插入软件陷阱，效果会更好。关于软件陷阱可以参考如下的代码。

```
DSP：显示子程序
    RTS
    NOP；软件陷阱
    NOP
    BRA Run_Away
。                    // 软件陷阱一般 1 KB 空间设置 2～3 个就可以有效处理程序跑飞
```

关于输入和输出端口对于干扰的处理建议如下。

如图 5.36 和图 5.37 所示，看门狗定时器会有一定的误差，如果对程序的执行周期估计不准，会造成系统的异常。内置看门狗的另一问题是系统复位后，程序应判断是由 Reset 端正常上电复位，还是程序跑飞后看门狗所致，由此确定现场数据是否应该保留。这也是在看门狗应用中所应考虑的。有些看门狗开启后不能停止，例如瑞萨单片机看门狗。实际上，看门狗有时会完全失效。当程序进入某个死循环，而这个死循环中又包含 FeedDog 语句，这时 DogTimer 始终不会溢出，单片机始终得不到复位

信号,程序也就始终跳不出这个死循环。下面的方法也适用于采用外部复位芯片的情况。

—输入输出端口处理—

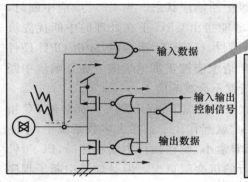

I/O口容易受外部噪声的干扰,软件设计要做必要的保护措施

输入多次采样:为防止输入信号因噪声的干扰,造成瞬间采样的误差或误读(比如,通常采取重复采样(按键去抖),加权平均的方法(A/D转换))
输出端口刷新:在RAM某单元中存储输出口当时应处的状态,在程序运行中根据这些内容定期地刷新输出口,防止因干扰造成输出口状态改变,引起外围电路误动作

图 5.36 外部噪声干扰 I/O 的路径

—MCU内嵌看门狗定时器原理—

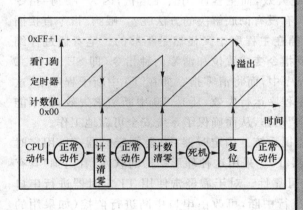

• MCU正常工作时,定时地给看门狗定时器初始化;当MCU死机时,由于没有在看门狗定时周期内初始化,看门狗定时器计数溢出产生复位信号,使MCU复位,恢复工作。
•看门狗初始化设置:
①无中断,主程序中初始化看门狗;
②有中断,如果只在主程序中初始化,无法监视中断死机的情形;反之亦然;如果在两部分都初始化看门狗,效果同上;
③在中断程序中刷新某一变量,主程序中判断此变量变化情况,进而执行初始化看门狗操作,并初始化此变量;
④多个中断的情况,根据相互的关系任选一中断刷新变量,主程序作判断;
•定时强制复位看门狗:定时地强制复位单片机,这样,即使装置死机,其最大死机时间也不会大于定时器定时时间

图 5.37 看门狗工作原理

以往的"看门狗"电路复位指令(即"喂狗")一般总是插入在主程序中,而且"喂狗"指令一般是脉冲式,可以连续用两条取反指令(如 CPL P1.0)。这是因为一般情况下,程序跑飞或者陷入"死循环"时,中断功能可能不受影响,CPU 仍能象正常运行时一样响应和执行中断子程序。这时如果中断子程序中插有"喂狗"指令,则"看门狗"定时器始终处于正常无溢出状态,无法对已经混乱的微机系统重新启动以投入正常运转状态。

在主程序中适当插入"喂狗"指令,大多数场合的单片机系统都能够比较可靠地

工作。但是有一种特殊情况，即中断响应功能已经失效，而主程序仍然能够正常运行，这时"看门狗"电路对恢复单片机系统正常工作是无能为力的。例如，当程序正在执行中断子程序时，系统突然受到强烈干扰，程序跑飞，而且 PC 指针刚好落在主程序的指令字节上，堆栈也不溢出，使主程序能够继续正常运行。这时"看门狗"的"喂狗"动作正常，而中断再也无法响应了。这时因为在 MCS–51 的中断系统中有两个不可寻址的优先级状态触发器，分别指明两级中断响应状态。当 CPU 响应中断时，首先置位相应的优先级状态触发器(该触发器能指出 CPU 正在处理的中断优先级别)，这时会屏蔽掉同级别的所有中断申请，直到执行 RETI 指令时，才由 CPU 硬件清零该优先级状态触发器，从而使以后的中断请求能被正常地响应。如果响应中断后而不执行 RETI 指令，那么同级别中断申请就不会被响应了。

当然，像上述这种情况是比较少见的。大多数情况下，程序跑飞后都会使 PC 指针越出有效程序区，造成"死机"，这时"看门狗"就起作用了。在大多数系统中，中断子程序执行的时间占总运行时间的百分比都非常小，而在执行中断程序时，PC 指针跑飞越过 RETI 指令，而主程序又能正常运行的机会就更少。但是如果中断子程序处理数据比较复杂或带有一些函数运算的功能时，则出现这种系统失常的情况就有可能发生了。以前，在笔者设计的智能流量计中就曾经出现过这种现象：键盘显示操作都正常，看起来不象"死机"，但是在设定参数时，数据位该闪烁的不闪烁，总流量不会累计上去，显然是 T0 定时中断系统失效，而主程序仍然在运行，因为"喂狗"指令插在主程序中。那么，针对这种情形，有没有彻底解决的方法呢？"喂狗"指令直接插在中断子程序中是不合适的，而单独插在主程序中又显然是不够的。笔者通过仔细推敲后，将"喂狗"指令分解开来，取反指令变成置位和清零两种指令(即 SETB P1.0 和 CLR P1.0)，将置位指令插在主程序中，而将清零指令插在 T0 中断子程序中，这样将两者联系起来，缺一不可，无论主程序运行失效，还是 T0 中断请求失效，都不能完成完整的"喂狗"指令，造成"看门狗"动作，从而确保了系统安全可靠地工作。

如图 5.38 所示，采用环形中断监视系统。用定时器 T0 监视定时器 T1，用定时器 T1 监视主程序，主程序监视定时器 T0。采用这种环形结构的软件"看门狗"具有良好的抗干扰性能，大大提高了系统可靠性。对于需经常使用 T1 定时器进行串口通讯的测控系统，则定时器 T1 不能进行中断，可改由串口中断进行监控(如果用的是 MCS–52 系列单片机，也可用 T2 代替 T1 进行监视)。这种软件"看门狗"监视原理是：在主程序、T0 中断服务程序、T1 中断服务程序中各设一运行观测变量，假设为 MWatch、T0Watch、T1Watch，主程序每循环一次，MWatch 加 1，同样 T0、T1 中断服务程序执行一次，T0Watch、T1Watch 加 1。在 T0 中断服务程序中通过检测 T1Watch 的变化情况判定 T1 运行是否正常，在 T1 中断服务程序中检测 MWatch 的变化情况判定主程序是否正常运行，在主程序中通过检测 T0Watch 的变化情况判别 T0 是否正常工作。若检测到某观测变量变化不正常，比如应当加 1 而未加 1，则转到出错处理程序做排除故障处理。当然，对主程序最大循环周期、定时器 T0 和 T1 定时周期应予以全盘合理考虑。

—主程序和中断程序循环监视—

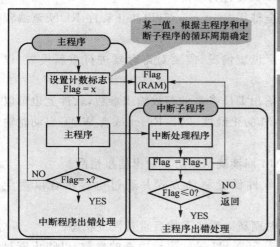

主程序

主程序每个周期初始化计数标志 Flag 一次并判断其是否变化，如果没变化，说明中断程序出错，跳转到错误处理程序。
（根据程序的实际情况确定 Flag 的计数初值）

中断程序

每次进入中断程序将计数标志 Flag 减一，并判断 Flag 是否减到零；如果没有，则主程序工作正常断否则，主程序出错，跳转到错误处理程序。
（适用于主程序周期比中断程序周期长的情况）

根据程序的实际情况，也可以采用主程序和多个中断程序相互监视，比如主程序监视 Timerx，Timerx 监视 Timery，Timery 监视主程序，每一程序中有一计数标志，根据计数标志的状态变化监视异常。
（对于每个程序的周期要予以全面的考虑）

图 5.38　软件看门狗设计流程

①看门狗定时器 T0 的设置。在初始化程序块中设置 T0 的工作方式，并开启中断和计数功能。系统 $Fosc=12\,MHz$，T0 为 16 位计数器，最大计数值为 $2^{10}-1=65\,535$，T0 输入计数频率是 $Fosc/12$，溢出周期为 $(65\,535+1)/1=65\,536(\mu s)$。

②计算主控程序循环一次的耗时，首先考虑系统各功能模块及其循环次数，本系统主控制程序的运行时间约为 16.6 ms。系统设置"看门狗"定时器 T0 定时 30 ms（T0 的初值为 $65\,536-30\,000=35\,536$）。主控程序的每次循环都将刷新 T0 的初值。如程序进入"死循环"而 T0 的初值在 30 ms 内未被刷新，这时"看门狗"定时器 T0 将溢出并申请中断。

③设计 T0 溢出所对应的中断服务程序。此子程序只须一条指令，即在 T0 对应的中断向量地址（000BH）写入"无条件转移"命令，把计算机拖回整个程序的第一行，对单片机重新进行初始化并获得正确的执行顺序。

5.3　MCU EMC 实际应用解决案例

下面先对 MCU 抗干扰方面的软件措施和硬件措施做一个总结。

软件处理得当可以增加系统稳定度与可靠性，并提高产品对电源或者噪音辐射的免疫力，软件处理得越周密可增加系统性能就越稳定安全。软件处理有以下几点需要注意。

①在启用中断程序时，stack（堆）需保留一层以提供中断程序启动时的处理。如果有两层 stack，在使用中断程序的情况下子程序最好只调用一层，以保证中断发生时处理不被延迟。在不得不使用两层 stack 的情况下则暂时将中断屏蔽。

② 在超高频的情况下尽量不要使用外部中断。

③ 在不影响产品性能情况下将 I/O 口设置为输出。

④ 没有使用到的剩余 ROM 位置全部用"jmp reset"，以防止程序 RUN 至编程 ROM 的空白区。

⑤ 不论上电时 MCU 寄存器的出厂设置情况，需要对寄存器进行重新设置，以避免不必要的错误。

⑥ RAM 没有使用完的情况下，在输出 I/O 参数前存放输出参数，软件上也可以进行参数备份并加上效验机制确保 RAM 的正确性，以备 Reset 或者 WDT 启动时输出参数错误地写至输出口。

⑦ 每次输出至 I/O 口后，进行 RAM 回读确认以防止输出信息错乱。

⑧ 具有危险性的负载，可以通过软件设置驱动方式并通过电容耦合以避免 MCU 的异常误动作而发生的故障。

⑨ 外部周围可编程的硬件需要随时刷新以防止干扰后重新恢复状态。

⑩ 在经常执行的路径上规律地写入 55AAH 等软启动检查的参数，以防止资料被破坏。

硬件可靠性方面，IC 的封装正向小型化发展，在系统设计中 Layout PCB 时尽量选用一个抗噪或者吸收干扰的器件以提高系统的可靠性。硬件处理有以下几点需要注意。

① 振荡电路尽可能地接近 IC 晶振脚位，并与地线、V_{DD} 保持足够的距离 3 mm，以避免电源高频噪音的影响。在大于 1 MHz 的 OSC 是不需要加额外的电容，但是 Layout 时最好保留该电容位置以应对不同应用的需求。

② MCU 之 Reset 电路可以简化为只需要上拉一个 510 Ω 的电阻，而不需要接电容。由于电源高频噪音会透过 Reset 电容而直接侵入 Reset 电路，Layout 时需要离地线与 V_{DD} 的布线尽可能减小耦合强度。

③ 电源与地间最短位置尽量拉等宽与等距的线，在节点位置上加上 104/103/102 等陶瓷电容。注意在电容焊点位置需要缩小布线面积，以防高频信号由过宽的铜箔渗入 MCU，降低了电容的功效。

④ 高噪音之负载最好以光隔元件隔开或加吸噪音电路。

⑤ 按键或者输出口容易被 ESD 侵入的路径上预留的电阻或者电容的位置，以辅助节点上抗静电能力。

⑥ 电源部分加入足够的高频滤波电路以确保噪音的滤除。

⑦ 在有危险的负载需加上电阻上拉或者下拉以防止 MCU 异常时的误动作。

大致上按照上述 layout 方式，已接近最佳方式。下面以图 5.39 来具体地说明电源、地、复位引脚和晶振的布线（X1 为晶振，C3、C4 是为晶振配置的两个电容，C1 是电源滤波电容，R1 是复位引脚和电源之间的电阻，C2 是复位引脚和电源之间的电容）。将图 5.39 右边之地线 ground line 经由 V_{DD} - RESB 引脚上去，效果会更好，而且 I/O 输出引脚不会被挡到。如果地线从 V_{DD} 间通过,会使得地线变窄,如图 5.40 所示,地线太接近 Reset 引脚。电源的噪音和静电会直接辐射到 Reset 引脚,影响系统稳定性,在 EMS 中 V_{DD}/Vss 必须有效远离 OSC、Reset 以避免噪音入侵,在 EMI 中则是必须考虑避免噪音辐射,在家电产品中则以 EMS 为优先考虑,工业产品则以 EMI 为优先考虑,单层板子中 V_{DD}/Vss/Reset/OSC 等引脚的布线要首先考虑并且不跳线,如果不得不跳线需要用粗线或者跳多条跳线以减小阻抗,在双面板中尽量不要有过孔,如果需要则多打几点过孔降低阻抗,再考虑 I/O 的布线。

建议 V_{DD} 与 Reset 间在最接近芯片引脚位置,预留一个电容 C2 的插孔(两个引脚)。MCU 之 I/O 引脚有接外围元件者,外围器件布线应尽量接近 MCU。MCU 之 I/O 引脚有按键输入的情况,按键与 MCU 间应加入一电阻,当手靠近按键时会引入静电,所以最好串入 1~10 kΩ 电阻以防止静电。C3/C4 在 PCB 上尽量不要加(MCU 内部已经内建),加了会影响抗噪能力。C2/C3/C4 可以预留在板上。避免输入脚可能直接接地或者 V_{DD},必须串接 1~10 kΩ 以加强静电能力。OSC/RES 之 PCB 引线必须越短越好。电源进入 MCU 前一定要先经过电容 104,不要直接引入电源再经过电容。旁路电容 104 在进入 Vss/V_{DD} 的路径阻抗越低越好,并尽量相等。PCB Layout 的大电流回路一定要与 MCU 工作电源回路的走线在不同的环路。R1 是 510 Ω。C2、C3、C4 可以省略不用焊接,但在 PCB 板上需要预留。

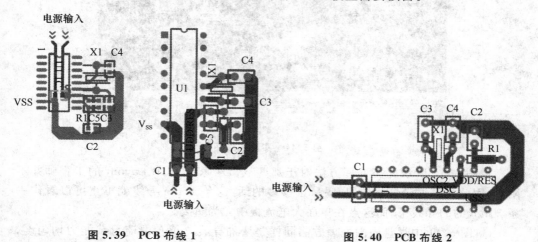

图 5.39　PCB 布线 1　　　　　　　图 5.40　PCB 布线 2

电路板上导线的电流承载值与导线线宽、过孔数量及焊盘存在直接关系。这里简单介绍一些影响到线路电流承载值的主要因素。

① 在表 5.2 数据中所列出的承载值是在常温 25℃ 下的最大能够承受的电流承载值,因此在实际设计中还要考虑各种环境、制造工艺、板材工艺和板材质量等各种因素。所以表 5.2 只是作为一种参考值。

② 在实际设计中,每条导线还会受到焊盘和过孔的影响,如焊盘较多的线段,在过锡后,焊盘那段它的电流承载值就会大大增加了,可能很多人都有看过一些大电流

板中焊盘与焊盘之间某段线路被烧毁,这个原因很简单,焊盘过锡完后因为有元件脚和焊锡增强了其那段导线的电流承载值,而焊盘与焊盘之间的焊盘它的最大电流承载值也就为导线宽度允许最大的电流承载值。因此在电路瞬间波动的时候,就很容易烧断焊盘与焊盘之间那一段线路,解决方法是增加导线宽度,如板不能允许增加导线宽度,在导线增加一层 Solder 层(一般 1 mm 的导线上可以增加一条 0.6 mm 左右的 Solder 层的导线,当然你也可增加一条 1mm 的 Solder 层导线)这样在过锡过后,这条 1 mm 的导线就可以看作一条 1.5～2 mm 导线了(视导线过锡时锡的均匀度和锡量),如图 5.41 所示。

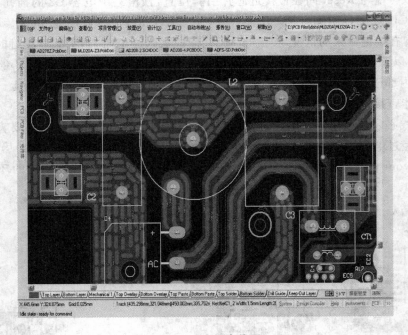

图 5.41　实际布线图

　　像图 5.41 所示此类处理方法对于那些从事小家电 PCB Layout 的工程师并不陌生,因此如果过锡量够均匀,锡量也够多的话,这条 1 mm 导线就不止可以看作一条 2 mm 的的导线了,而这点在单面大电流板中尤为重要。

　　③ 图 5.41 中焊盘周围处理方法同样是增加导线与焊盘电流承载能力均匀度,特别在大电流粗引脚的板中(引脚大于 1.2 mm 以上,焊盘在 3 mm 以上的)这样处理是十分重要的。因为如果焊盘在 3 mm 以上管脚又在 1.2 mm 以上,它在过锡后,这一点焊盘的电流就会增加好几十倍,如果在大电流瞬间发生很大波动时,这整条线路电流承载能力就会十分的不均匀(特别焊盘多的时候),仍然很容易造成焊盘与焊盘之间的线路烧断的可能性。图 5.41 中那样处理可以有效分散单个焊盘与周边线路电流承载值的均匀度。最后再次说明:电流承载值数据表 5.2 只是一个绝对参考数值,在不做大电流设计时,按表中所提供的数据再增加 10% 就绝对可以满足设计要求。而在一般单面板设计中,以铜厚 35 μm 为例,基本可以以 1∶1 的比例进行设计,

也就是 1 A 的电流可以以 1 mm 的导线来设计,也就能够满足要求了(以温度 105℃ 计算)。PCB 设计铜铂厚度、线宽和电流关系表见表 5.2。

表 5.2　PCB 设计铜铂厚度、线宽和电流关系表

铜厚/35 μm		铜厚/50 μm		铜厚/70 μm	
电流/A	线宽/mm	电流/A	线宽/mm	电流/A	线宽/mm
4.5	2.5	5.1	2.5	6	2.5
4	2	4.3	2.5	5.1	2
3.2	1.5	3.5	1.5	4.2	1.5
2.7	1.2	3	1.2	3.6	1.2
3.2	1	2.6	1	2.3	1
2	0.8	2.4	0.8	2.8	0.8
1.6	0.6	1.9	0.6	2.3	0.6
1.35	0.5	1.7	0.5	2	0.5
1.1	0.4	1.35	0.4	1.7	0.4
0.8	0.3	1.3	0.3	1.3	0.3
0.55	0.2	0.7	0.2	0.9	0.2
0.2	0.15	0.5	0.15	0.7	0.15

　　电流承载值与线路上元器件数量/焊盘以及过孔都直接关系。可以使用经验公式计算:$0.15×$线宽$(W)=A$,以上数据均为温度在 25℃ 下的线路电流承载值。导线阻抗为 $0.0005×L/W$(线长/线宽)。

　　下面重点讲述以下 3 个案例。

　　抗干扰解决措施案例之一是遥控器产品,如图 5.42 所示,实验过程是向 AC 线缆连续加入脉冲干扰,误动作,复位失效。最后分析原因是由于干扰经由 MCU 的复位管脚串入时钟输出管脚,导致误动作,实际的应对对策是在时钟输出管脚和晶振之间插入阻尼电阻,可以极大改善抗干扰性能。电源线走线不当,造成 ESD 干扰条件下电源波动,产生意外复位,针对这种情况缩短电源走线;瞬间高压,击穿 MCU 内部的 I/O 口保护管,造成端口损坏,针对这种情况,在 I/O 口增加阻尼电阻。

　　抗干扰解决措施案例之二是电烤箱,如图 5.43 所示,通过反复开关电烤箱门,MCU 会产生误动作,分析原因是由于门开关的信号线通过跳线跨过复位线,门开关引入的噪声串入 Reset 线,引起 MCU 异常;另外复位电路到 MCU 的导线过长,也引入噪声。实际的对策是门开关信号线跨越复位线之前插入阻尼电阻;在复位管脚输入前并接电容到地来解决的。

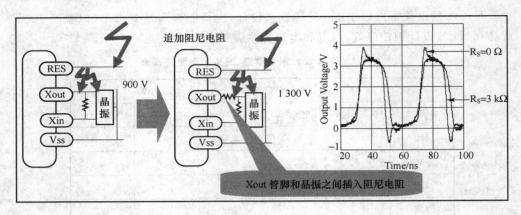

图 5.42　遥控器产品设计

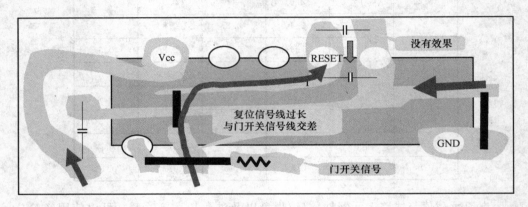

图 5.43　电烤箱产品设计

抗干扰解决措施案例之三是洗衣机，如图 5.44 所示，测试的现象是电源线串入 1 700 V 脉冲，3 min，误动作，分析原因电源部分的电解电容位置和 MCU 的旁路电容位置有问题；通过修正地线布局来解决。

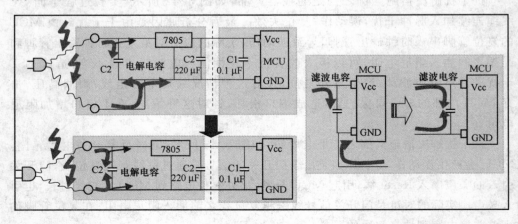

图 5.44　洗衣机产品设计

5.4　IC 回流焊的建议

采用 FRAM 的 MSP430FR57xx MCU 焊接要求注意 FRAM 暴露在较高温下可能会影响初始内存读取。因此在电路板焊接过程中,建议遵循现行 JEDEC J - STD - 020 规范,回流焊峰温度不高于装运箱或卷带的设备标签指定的温度。使用用户应用代码进行芯片编程仅在回流焊接后期进行。出厂时设定好的信息(如校准值)旨在经受正常达到现行 JEDEC J - STD - 020 规范的温度。一般建议不要手工焊接。但是,如果应用中产品样机需要手工焊接,焊峰温度不能在连续 30 s 以上的时间超过 250℃。此外,手工焊接之前不应对用户应用代码进行编程。由于铁电 FRAM 对于焊接有一定要求,下面专门针对回流焊做专题介绍。

电子制造业目前朝着无铅化、装配加工环保化的方向发展。在使用无铅焊料替代传统材料时,应注意以下因素:电路板的厚度,工艺复杂程度,表面光洁程度,装配工艺兼容性。下面讲述有关雾锡和磨光锡器件回流焊方面的建议。

无铅焊接技术已经应用多年。然而,却总是难以满足与含铅合金粘接处理相同的物理标准,过去,用于连接电子元件最常用的合金成分为 63% 的锡和 37% 的铅的混合物。这种锡铅合金具有极佳的粘接强度和弹性,能够抵御器件运行环境的温度变化导致的热张力。当电子厂商舍弃长期使用的标准 PbSn 合金转而使用无铅合金焊接材料如锡银铜(Sn - Ag - Cu)合金时,熔点和低共熔温度也相应发生改变,这就需要对回流焊接工艺加以修改。作为回顾回流工艺基础的起始点,图 5.45 中显示了典型的热回流曲线。如图 5.45 所示,这一过程通常需经历 5 个不同的转变阶段。

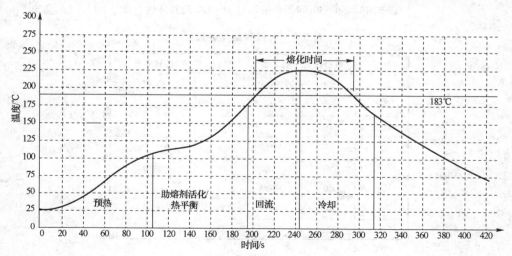

图 5.45　Sn/Pb 的典型回流特性曲线

典型回流工艺中的 5 个转变阶段分别是:

① 预热。将装配部件的温度从 25℃ 升高到 80~150℃ 使得焊剂中的溶剂挥发。

② 助熔剂活化。干的焊剂加热至足够温度,此时助熔剂将与要粘合的表面的氧化物和杂质进行反应。

③ 热平衡。在低于回流温度 25～50℃左右达到温度平衡。实际时间和温度将取决于部件数量和使用的材料。

④ 回流。在这一阶段,部件温度将升高直至焊剂回流。注意"熔化时间"是指曲线中 183℃左右焊剂处于液态时的时间。

⑤ 冷却。这是工艺过程中的最后一个阶段,在这个阶段使部件渐渐冷却。较慢的冷却过程将在焊接点产生精细的颗粒结构,从而形成更加耐疲劳的焊接点。

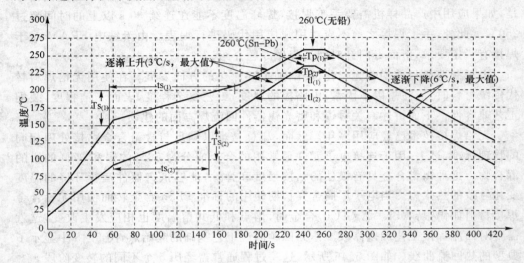

图 5.46 Sn － Pb 和无铅装配的 JEDEC 回流特性曲线

表 5.3 时间和温度参数

符号	最小值	最大值	单位	测试条件
Ts(1)	150	200	℃	无铅
Ts(2)	100	150	℃	Sn － Pb
ts(1)	60	180	秒	无铅
ts(2)	60	120	秒	Sn － Pb
tl(1)	60	150	秒	无铅
tl(2)	60	150	秒	Sn － Pb
Tp(1)	245	260	℃	无铅
Tp(2)	225	240	℃	Sn － Pb

注意:图 5.46 和表 5.3 中再现了 IPC/JEDEC J － STD － 020C 规定的回流条件。

有关回流焊接的建议,图 5.47 所示为一般推荐的无铅器件的焊接特性曲线。这些器件镀有雾锡(纯锡)且不含铅。若使用图中下部曲线及以上的部分进行处理,则

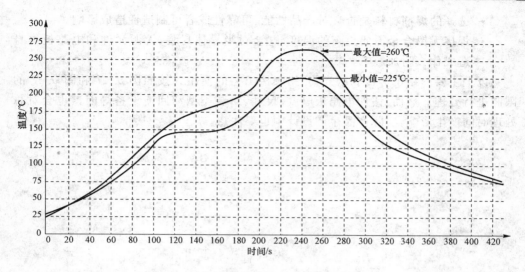

图 5.47　推荐使用的回流特性曲线(无铅)

能用于标准的锡、铅焊剂(SnPb)应用;若使用图中上部曲线及以下的部分进行处理,则能用于无铅焊剂如锡银铜焊剂(Sn‐Ag‐Cu)应用。图 5.48 显示了 MCU 推荐的针对标准器件(即使用磨光的 63%/37%锡铅合金(Sn‐Pb)焊剂焊接的器件)使用的焊接特性曲线。图 5.48 中上、下曲线之间的所有部分都可适用于这些器件的回流处理。请注意,图中的峰值温度低于无铅器件处理时的相应温度数值。

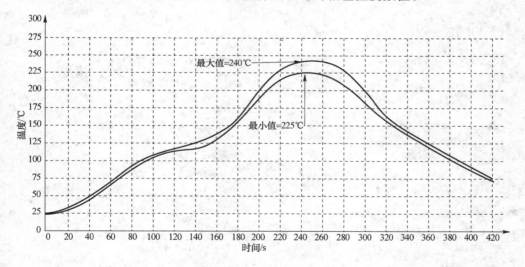

图 5.48　推荐使用的回流特性曲线(Sn/Pb)

许多新的无铅合金焊剂正在出现。当对这些替代传统焊料的焊剂进行测试时,用户必须考虑以下事项:

- 选择焊剂材料是否能与元件引脚上电镀材料相融合或者满足电路板规定光洁度要求。

- 选择的焊剂材料是否会对产品性能、可靠性或者可制造性造成影响。
- 焊接无铅合金需要更高的温度,这会对半导体封装、无源元件和电路板本身造成什么附加影响。

以上主要介绍了雾锡和磨光锡/铅焊接工艺的使用并按照图 5.47 和图 5.48 的限制进行处理。然而,诸如电路板厚度、尺寸、封装类型和回流设备等因素也会对总处理时间产生影响,实际产品生产设计中也要注意。
`

第**6**章

TI FRAM 产品应用

德州仪器推出业界首款超低功耗 MSP430FR57xx FRAM 单片机系列可为开发人员带来高达 100 倍的写入速度增幅及 250 倍的功耗降幅,因而可获得更多的有用数据。FR57xx 系列突破了现有的存储器功耗及可写入次数限制,使得开发人员能够凭借功能更多、连续工作时间更长的新产品所拥有的更高性价比的数据录入、远程感测和无线升级能力让世界变得更加智能。

MSP430FR57xx FRAM 单片机的主要特性及优势如下:当从 FRAM 中执行代码时,可将目前业界功耗水平降低 50% 之多——工作流耗为 $100\mu A/MHz$(主动模式)和 $3\mu A$(实时时钟模式);超过 100 万亿次的可写入次数能支持连续数据录入,从而无须采用昂贵的外部 EEPROM 及依赖电池供电的 SRAM;统一存储器允许开发人员利用软件来轻松改变程序、数据以及缓存之间的内存分配,从而简化了目录管理并降低了系统成本;所有电源模式中的数据写入及数据保存保障可确保代码安全性,以简化开发流程、降低存储器测试成本及提升终端产品可靠性;实现了可靠的远程软件升级——特别是可以实现空中升级——旨在为设备制造商提供更廉价、更便捷的软件升级途径;密度高达 16 KB 的集成型 FRAM 以及模拟和连接外设选项,包括 10 位 ADC、32 位硬件乘法器、多达 5 个 16 位定时器和乘法增强型 SPI/I²C/UART 总线;所有 MSP 平台上的代码兼容性以及低成本、易用型工具、综合全面的文档资料、用户指南和代码示例可方便开发人员立即启动开发工作;众多由 TI 提供的兼容型射频(RF)工具可简化系统开发工作。

可实现无电池的智能型 RF 连接解决方案,FR57xx MCU 基于 TI 先进的低功耗、130 nm 嵌入式 FRAM 工艺。

FRAM 可以做如下类型的应用设计:数据参数记录仪;远程传感器;供电设备的能量收集等。FRAM 在应用中的优势:超低功耗的数据读/写;真正的统一的存储区,可以配置为 Flash 或者 RAM;读/写速度;几乎不受限制的写入次数;内在的安全性和抗辐射。

数据参数记录仪设计中遇到的挑战如下:不考虑数据记录的类型,数据信息被不停地读出或者写入,需要很高的速率,对于 Flash 闪存的单片机,写数据会带来系统功耗的增加,如图 6.1 所示的血氧饱和度测量仪、风力发电参数记录仪等。TI FRAM 解决方案如下:FRAM 写数据比 Flash 闪存快 100 倍,然而功耗的是传统的 Flash 单片机的一半。因此,使用 TI 的 FRAM 既可以节省时间,同时又可以节省能源。这还不够,FRAM 可以写 100 万亿次数据,可以延长终端产品的寿命。

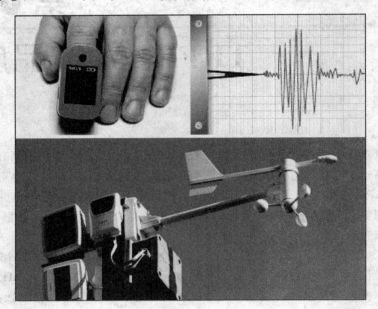

图 6.1　参数记录仪

远程传感器设计中遇到的挑战如下:传感器并不总是安装在方便的地方,如图 6.2 所示的烟雾探测器。为了延长电池的使用寿命,根据传感器的功能降低系统平均能量是大多数远程传感器的要求。TI FRAM 解决方案如下:和工业类大部分的低功耗微控制器相比,FRAM 提供的性能,在活动模式下,只需要小于 50% 的功耗。当在设计中添加无线的功能时,TI FRAM 是无线传感器网络的最佳选择。在设计电池供电的无线传感器中使用 TI 的 FRAM,可以显著地增加电池的寿命,同时减少现场维护的成本。

供电设备的能量收集系统设计中遇到的挑战如下:由于不可预测的能量更替,以及能量的可用性,诸如太阳能、热和震动等,如图 6.3 所示,如不加以利用,意味着能量的损失。TI FRAM 解决方案如下:由于 FRAM 是非易失性的存储器,数据在被写入后,即便是没有供电,数据也不会丢失。与传统的 Flash 单片机写入数据需要 10 ～14 V 的电压相比,FRAM 写入数据时候的供电电压只需要 2 V(不需要额外的充电泵或者升压式电路)。

此外,MSP430FR57xx FRAM 单片机的其他一些性能也使其特别适用于 WSN 等相关领域:实现了可靠的远程软件升级,特别是可以实现空中升级;众多由 TI 提

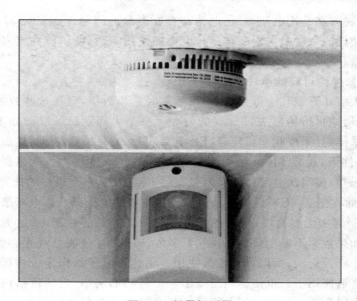

图 6.2　烟雾探测器

图 6.3　可利用的能源

供的兼容型射频(RF)工具可简化系统开发工作;可实现无电池的智能型 RF 连接解决方案,满足传感器记录和远程更新。

新型 MSP430FR57xx FRAM 系列可以解决传感器网络的几大挑战:

① 传感器供电。功耗对传感器的安放地点有所限制,而在 WSN 的应用中,往往需要把传感器布置在桥梁等没有交流电的场合,为了让传感器有足够能量去采集

数据,一种解决方案是用电池,可是电池都存在寿命的问题。而 FRAM 能量收集技术以及超低功耗的特性最大限度地延长电池的使用寿命,使得能在更多的地点安放更多的传感器。

② 实时采样。目前的单片机主要以 Flash 技术为主,它有一个问题,Flash 擦写次数的量级大概几万或几十万量级,如果要实时采集数据,则把这些数据存入 Flash 中,等到一定周期再传输出去,Flash 的寿命是一个大问题。可以做如下的计算,如果做连续的采样,且采样频率比较高,Flash 要每秒采样 20 个数据,然后不断更新数据,在这个条件下,现在 Flash 的使用寿命大概在 10 min 以内。所以如果要实现连续大量数据采样,擦写次数超过 100 万亿次的 FRAM 是一个很好的选择。

③ 无线远程更新,用来显示商品条形码和价格的电子纸。该电子纸一侧是基于 FRAM 的控制器和无线模块,另一侧的模块存储着更新的数据,通过无线发射更新价格信息。如果数据不断更新,那用不了多久,Flash 寿命就会耗光。而 FRAM 的擦写次数为 100 万亿次,所以可以长久使用。用这种电子纸作为价格标签已经在美国的超市中普遍使用了。价格标签组成了一个传感器网络,它的价格信息变化是通过无线网络实时更新。MSP430FR57xx 就特别适用于类似的应用中。

MSP430FR57xx 系列突破了现有的存储器功耗及可写入次数限制,从而宣告可靠数据录入和射频通信能力进入了一个新时代。MSP430FR57xx 目前最高只有 16 KB 的 FRAM,但是足以满足 WSN 的一些应用,未来根据不同需求,会有采用更大的 FRAM 的 MPS430 系列。

6.1 基于 AISG2.0 协议的电调天线远程控制单元

电调天线远程控制单元(RCU)是进行天线下倾角调节和天线状态远程实时监控的核心部件。下面从实际应用出发,阐述 RCU 的硬件设计和相关软件模块的实现,并对 RCU 与基站对接过程中容易被忽视的问题进行简要概述。

天线改变下倾角度可以采取机械调节和电调的方式,机械调节就是人爬上去,改变天线安装夹码的角度来改变天线本身的倾角,从而改变天线的辐射角度,一般夹码上会有下倾角度指示。电调天线就是依靠改变天线的电性能参数,从而改变天线的辐射角度,这个可以远程操作,不用爬铁塔,多个天线可以级联,可任意选择要调整的天线。可能会有人问基站天线还要经常调吗? 手动一次定位不行吗? 因为某个基站附近的无线环境会因为增加新的基站和新的建筑等因素而受到影响,所以要经常调整。目前采用较多的技术就是智能天线,每个方向天线的工作状况会随实际情况而变化,军事上使用的相控阵雷达也是类似的原理,不过不是通过机械的方式调整。

通过调节天线下倾角,可以有效地增强和优化网络覆盖。机械调节下倾角虽然可以在一定程度上改善覆盖,但是存在机械调节方式耗费人力物力过多、不能实时调节和优化且下倾角调节范围有限等缺点。电调下倾角天线相对于机械下倾天线,在有效增强小区径向近处覆盖的同时,还可以减少对同站邻区的干扰,从而解决过覆盖、软切换区域过大或过小、导频污染等造成的掉话、容量下降、通话质量下降等问题。电调天线远程控制单元(RCU)具有接收基站控制命令、精确调节天线下倾角和及时向基站报告天线工作状态等功能,是电调下倾角系统中的控制核心。

AISG2.0 协议是 AISG 组织制定的天线相关设备(ALD)与基站系统对接的标准接口,用于实现电调天线的远程控制和状态监测,实现不同厂家的天线和基站系统之间的无缝对接。为了满足国际天线市场的需求,开发基于 AISG2.0 协议的电调天线远程控制单元尤为重要。

6.1.1 系统总体结构

电调天线远程控制单元的主要功能包括天线倾角控制、天线参数配置、远程固件更新、告警信息上报等。其系统总体结构如图 6.4 所示。

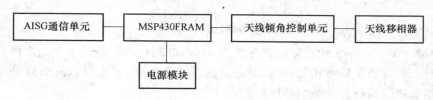

图 6.4 系统总体结构

6.1.2 系统硬件实现

1. 通信模块

AISG2.0 协议物理层的底层通信介质支持 RS485 和 Modem 通信方式。RS485 通信方式采用多芯屏蔽电缆在 RET 与基站之间建立连接。Modem 方式则是通信控制信号和射频信号共用射频电缆,将控制信号调制到射频信号上,然后接收方再解调得到控制信号。这两种连接方式对于上层协议都是透明的。从目前的应用来看,RCU 中大都是使用 RS485 方式,Modem 方式多用于塔顶放大器等和射频信号相关的 ALD 设备。

本系统中的 AISG 通信接口电路如图 6.5 所示。由于天线一般都分布在相对较高而且空旷的地带,因而 RCU 通信接口的防雷功能必不可少。本通信接口电路的防雷部分包括气体放电管、PTC 和 TVS 这 3 部分。气体放电管构成第一道防雷保护,PTC 和 TVS 作为第二道防线,进一步保证了通信接口的防雷性能。考虑到所有的 RET 控制器都是挂在空中,最后通过基站单点接到大地,不存在大地电位差,因而采用了非隔离的方案。

2. 电动机控制模块

电动机控制驱动模块的核心是 Allegro 公司的步进电动机驱动芯片 A3977。该芯片具有 1/2、1/4 及 1/8 等微步模式。本系统中通过软件配置使 MS1 为高电平、MS2 为低电平,电动机工作在半步模式,MCU(MSP430FRAM)每发 400 个脉冲电

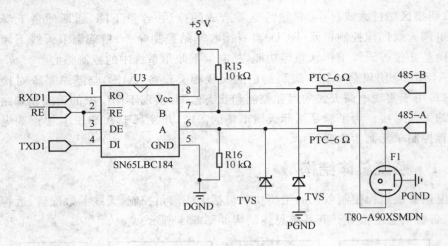

图 6.5　AISG 通信接口电路

动机转动一圈。A3977 输出驱动器容量为 35 V、2.5 A,内部包括一个固定停机时间电流稳压器,该稳压器可在低、快或混合衰减模式下工作,从而可以有效降低电动机噪音,增加步进精确度并减少功率耗散。

3. 存储模块

存储模块主要包括天线相关的参数存储和 RCU 固件存储。以前的电调天线设计都需要外置一个天线参数存储采用铁电存储器 FM24LC16 等,但是采用 MSP430FRAM 之后,只需要单芯片就可以实现,节省成本,同时调整参数速度提高,这些参数包括产品序列号、天线参数、天线配置数据和移相器配置数据等。选用 MSP430FRAM 微处理器的主要原因是:AISG 协议中规定,RCU 收到基站的命令后,必须在 10 ms 之内发出回应帧,否则就认为通信超时,这就要求向存储器中写入天线参数的命令必须在 10 ms 内完成;考虑到执行程序的时间消耗,在天线数据较多的情况下,普通的 EEPROM 无法满足要求;铁电 MSP430FRAM 微处理器相比于 EEPROM 写入速度快,写入过程无需等待,可以满足这一要求。同时利用 MSP430FRAM 单片机内部特有的铁电结构存储 RCU 固件,将正在执行的固件和更新的固件都存储在单片机的片内 FRAM 中,从而省去了外部存储器,既节省了 BOM 成本,又提高了产品的可靠性和安全性。

4. 电源模块

AISG2.0 协议规定供电电压范围为 10～30 V。由于本设计中电调天线移相器需要较大的扭矩,因而选用了供电电压为 12 V 的步进电动机,这就对系统供电提出一个挑战,即当供电电压高于 12 V 时需要降压,当供电电压低于 12 V 时需要电源电路升压。本设计采用了先降压后升压的电路结构,先将输入电压降到 8 V,再升压至 12 V,为步进电动机供电。系统供电则从 8 V 再经过一级 LDO 转化为 3.3 V。电源电路结构如图 6.6 所示。

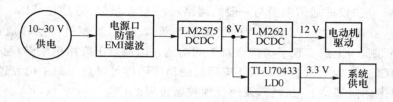

图 6.6 RCU 系统供电结构图

电源模块设计中需要注意以下问题：

① 系统电源入口的防雷保护。本系统采用了由气体放电管和 TVS 构成的双重防护模式，中间加 $100\mu H$ 电感隔离。这样在前端发挥了气体放电管放电电流大的优点，在后端则发挥了 TVS 电压灵敏度高的优点，有效地保护了系统的供电免受雷击浪涌损害。

② 输入浪涌电流限制。EMC 测试中的传导辐射主要是测试设备中电源对系统供电的影响，反映在电压上就是 RCU 对系统供电产生的电压纹波，按照 AISG 协议规定，要求在电动机不工作时电压纹波小于 25 mV，电动机转动时电压纹波小于 75 mV。这个指标非常严格，如果不加抑制传导辐射的滤波电路，则很难满足协议要求。本设计中，经测试发现传导噪声主要集中在低频段，在 150 kHz～5 MHz 的范围内，因而本系统采用了 2 个 $100\,\mu H$ 的差模电感和 0.22 μF 的 MLCC 电容，以抑制差模噪声。

6.1.3 软件设计

本系统软件分为 3 个模块：AISG 协议栈模块、电动机闭环控制模块和固件下载及更新模块。

1. AISG 协议栈设计

AISG2.0 协议共包括 3 层，对应到 OSI 模型分别是物理层、数据链路层和应用层。RCU 中 AISG 协议栈总体结构如图 6.7 所示。物理层采用 RS485 标准，为半双工通信。将单片机的 UART0 转为 485 电气特性，在单片机串口中断中完成数据帧的收发。数据链路层：AISG2.0 协议的第二层是 HDLC 协议的一个子集，采用了 HDLC 协议中正常响应模式下的非平衡通信方式，并支持为应用层提供虚拟全双工的通信链路。共支持 4 种帧格式：I 帧、XID 帧、U 帧和 S 帧。应用层负责天线下倾角控制和状态监测等功能的相关命令，收到相应命令后执行具体的功能，并在规定时间内向基站返回执行结果。

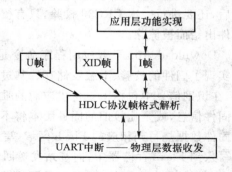

图 6.7 ASIG 协议总体结构图

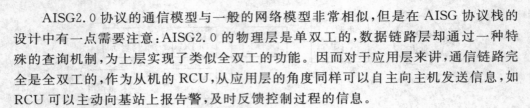

AISG2.0 协议的通信模型与一般的网络模型非常相似,但是在 AISG 协议栈的设计中有一点需要注意:AISG2.0 的物理层是单双工的,数据链路层却通过一种特殊的查询机制,为上层实现了类似全双工的功能。因而对于应用层来讲,通信链路完全是全双工的,作为从机的 RCU,从应用层的角度同样可以自主向主机发送信息,如 RCU 可以主动向基站上报告警,及时反馈控制过程的信息。

2. 电动机闭环控制模块

众所周知,步进电动机通常应用于开环控制系统。本系统采用步进电动机驱动电调天线移相器,需要控制单元能够及时地检测移相器是否卡死,并且能够检测步进电动机在调节下倾角过程中是否有明显的丢步现象。这种情况下,单纯的步进电动机开环控制无法满足实际应用需求,本系统采用了带有霍尔传感器反馈的步进电动机控制系统。在电动机轴后端安装霍尔传感器和 5 枚永磁体,电动机采用二分之一微步的控制方式,每 400 个脉冲,电动机转动一圈,这样 MCU 每发 80 个脉冲就应该检测到一个脉冲。如果累计超过一定限度 MCU 都没有收到脉冲,表示电动机堵转。电调天线控制单元会通过 AISG 接口向基站系统上报告警和相关故障信息。

3. 固件下载及固件更新功能的实现

固件下载和更新是电调天线远程控制单元的重要功能之一,用于控制单元固件的远程更新。AISG2.0 协议中与固件下载功能相关的命令有 3 个,分别是 Download Start、Download App 和 Download End。下载过程以 Download Start 开始,以 Download End 结束。Download App 命令负责传输固件数据,命令需要重复执行多次,直至固件数据全部发送完毕。为了防止因所下载的固件与 RCU 本身不匹配而发生错误,固件信息不单纯是 Bin 文件,在 Bin 文件之前增加了 64 B 固件校验信息,包括厂商校验信息、产品校验信息与产品硬件版本信息等。只有所有校验信息都匹配的固件才被允许写入到 Flash 中,以此防止固件下载出错。这部分的校验功能在 Download App 命令中实现。在固件信息的最后是 CRC32 的校验和,防止固件在复制、传递过程中出错而导致产品更新失败的情况发生。固件被最终下载到 Flash 中之后,还要进行一次 CRC32 校验,只有校验正确的固件才能被启用,否则就被认为是固件出错而被擦除。

Download App 下载应用程序命令是下载固件的主要命令,通过多次执行该命令实现了固件的校验、下载及储存。其过程为:首先检查固件数据起始部分的识别信息,在识别信息中包括了设备供应商的唯一标志代码和固件版本信息,不相符的供应商固件信息,或是比较旧的固件版本将不被接收;再识别信息校验成功之后,就开始将固件数据烧写到相应的 Flash 区域,写入后再读出进行校验。至此,可信的数据已经写入到 Flash 存储器中,向基站发送回应帧。其流程图如图 6.8 所示。

基于 AISG 协议的 RCU 产品不能够独立工作,必须完成与不同基站系统的对接才可以被系统集成商所采用。在 RCU 与基站系统对接的过程中发现,不同的基站厂商对 AISG 协议的理解在某些细节上仍然会有细微的差别。例如,国内某系统集成商的基站系统对 AISG 协议的实现要求就相对比较宽松,即使有些细节不符合 AISG 协议,RCU 仍然可以正常工作。而欧洲有些系统集成商的基站系统,对 AISG 协议实现的要求就非常苛刻,若有错误,则立即停止与 RCU 的正常通信。所以尽管有 AISG 协议规范,RCU 产品的客制化工作仍是需要的。

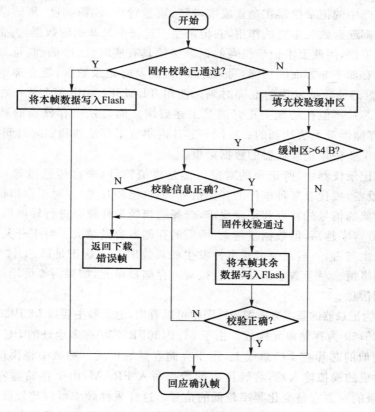

图 6.8　下载应用程序命令流程图

6.2　MSP430FRAM 在工业记录仪器中的应用

6.2.1　工业数据记录仪

　　在由单片机构成的数据采集系统及智能仪器仪表当中,通常的做法是采用 EE-PROM 来存储设置参数,而用 SRAM 加后备电池的方法来保存采集的数据。这种保存数据的方法一方面使得系统硬件结构复杂及电路板空间增加,另一方面由于后备电池失效及掉电检测电路的故障等原因造成数据存储的可靠性降低。能否有一种更好的数据存储方案来代替上述的数据保存方法,现在随着铁电存储器的推出,此问题得到了解决。铁电存储器是一种同时拥有随机存储器和非易失性存储器特性的高性能存储器,相对于其他类型的存储器,铁电存储器主要具有 3 大特点:第一,铁电存储器可以跟随总线速度写入而无须任何的写入等待时间;第二,几乎可以像 RAM 那样无限次地写入,新一代铁电存储器的写入寿命可达 100 万亿次;第三,超低功耗,它写入能量消耗仅为 EEPROM 的 1/2 500。由以上优点可以看出铁电存储器同时兼具 ROM 和 RAM 的特性,因此提供了一个崭新的高性能非易失 RAM。

工业生产中的记录仪器在企业成本考核、质量管理、能源调度、预防事故及事故分析过程中都起着致关重要的作用,它记录生产过程中最基础的数据,为企业的决策提供必要的依据,因此要求记录仪表的记录必须具有实时性、准确性,可靠性。记录仪器必须具有如下 3 方面的功能:写入速度快,能及时记录数据;能在掉电的情况下保存数据;能记录数据发生的准确时刻。使用 TI MSP430FRAM 是一种理想的选择。因为该芯片不但在功能上正好满足上述要求。而且铁电存储器的独特优点性能,是其他存储器都无法达到的。在同一芯片内集成了存储器和实时时间等电路,特别适合作为工业记录记录仪器的数据采集。

在工业记录仪器中,所记录的对象可能是模拟信号(来自传感器等)、数字信号(来自其他设备)或代表某种事件的开关信号(来自检测开关)。对于模拟信号应根据具体记录对象的信号的特点和记录要求,选择适当的采样频率进行转换后记录,采样频率越高,分辨率越高,但数据量越大,所需的存储器容量越大。对于开关信号,除了记录事件发生与否,一般还要记录事件发生的具体时刻。这正是该芯片"事件记录"功能所做的事情。对于数字信号,可直接写入存储器单元,如果需要可增加记录数据发生的时刻信息。

图 6.9 为记录器的基本方框图。从图中可以看出,记录器主要以 MSP430F5438A 为核心,以 FR5739 为存储单元构成。由于 MSP430FR5739 有多地址的 I²C 总线,可以挂接多片类似的芯片在 I²C 总线上,用于存储容量的扩展。测试中将模拟信号可直接接到单片机的模拟输入端,将转换后的数据写入 FRAM,由于存储器容量总是有限的,所记录的对象宜是变化频率较低的信号。这样采样频率可以比较低,以避免过大的数据量。必要时可使用适当的数据压缩算法,这样可使记录器工作更长时间而

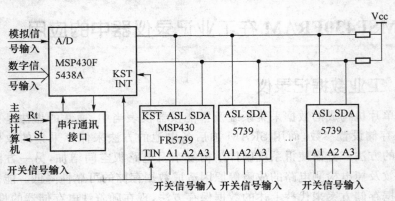

图 6.9　记录器基本方框图

不超出存储量。而开关信号则同时接到单片机的外部中断端口,当信号上升沿发生时,准确记下了事件发生的时刻。同时也通知单片机进入中断程序,把记录的时间读入并写到存储器。如果有多个开关信号需要记录,可以将这些信号的"或"逻辑接入上述开关输入端,同时再把各信号分别接到单片机的输入端口(假设端口足够可用),当开关信号引发中断后,通过端口查询来辨别是哪个开关信号有动作。

6.2.2　工程机械安全监控

在工程机械安全监控系统中一般要求记录和保存的数据有控制对象(即起重机)的数学模型参数,以及在起重机超过安全工作范围工作时相应的工况参数。

具体表现为:当控制对象调整后,比如从 25 t 起重机换到 65 t 起重机时,需要改动数学模型中的相应参数,这就需要监控系统把参数及时地记录到 MSP430FRAM的存储器单元中。又如,起重机吊重的安全范围为起重机额定重量的 90%,因此在系统设计中将实时计算吊重并与额定重量相比较,一旦超过额定重量的 90%系统就开始预报警,并将当前时间、吊臂工作长度、角度、幅度、上下油腔压力等数据记录到MSP430FRAM 的存储器单元中,同时 MSP430FRAM 的事件计数器加 1 计数。并且每过 3 min 对以上参数再记录一次。若吊重超过额定重量的 104%,系统将开始报警,同时记录参数(与以上方法相同),但此时记录时间改为每分钟记录一次。

6.2.3　船舶机舱油气浓度检测

在船舶机舱内有许多气体或液体控制阀件、各种油路、油泵等设备,这些设备在维修拆卸或使用时可能会出现泄漏等现象,尤其是泄漏的柴油在机舱内挥发的气体与空气的混合体积百分比达到可燃范围时,就形成了危险的可燃油气浓度。在此情况下一旦遇到火源或高温就会发生燃烧甚至爆炸。由于油气的密度比空气大,油气会在机舱底部沉积,高浓度的油气难以消散,带来了发生火灾的危险性。机舱油气浓度数据记录仪可以实时检测机舱的油气浓度并且具有报警功能,报警的同时可以控制机舱风机的运行,及时排出机舱内的油气。机舱油气浓度数据记录仪提供的数据有报警时的油气浓度值、报警时间、报警通道等。如何得到更多的报警信息和如何在恶劣环境下长时间保存所得数据成为机舱油气浓度数据记录仪研究的技术关键。这就要求具有访问速度快、可读写次数多、数据存储的错误率低、数据在恶劣环境下的保存时间长,而且要求存储器的容量大。

机舱油气浓度数据记录仪主要由气体变送器、模数转换板、带存储功能的单片机板、输入/输出控制板组成。气体变送器采用催化燃烧式检测原理,对机舱内的柴油或汽油与空气的混合气体的浓度进行检测和变送。模数转换板对油气浓度进行采样,单片机板对采样数据进行分析、报警处理、数据存储等。传统的数据存储器作为存储器件时,读/写速度较慢,存储单元反复擦写后容易损坏,无法满足机舱油气浓度数据存储的要求。

机舱油气浓度数据记录仪可以详细记录机舱油气浓度报警的情况,采用铁电存

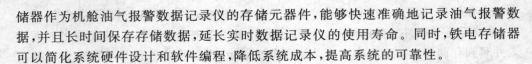

储器作为机舱油气报警数据记录仪的存储元器件,能够快速准确地记录油气报警数据,并且长时间保存存储数据,延长实时数据记录仪的使用寿命。同时,铁电存储器可以简化系统硬件设计和软件编程,降低系统成本,提高系统的可靠性。

6.2.4 高温测试仪数据采集

高温测试仪主要用于加热过程中的温度跟踪测量和数据采集,通过对测试数据进行系统分析,研究炉内的温度分布和温差变化规律,分析影响加热质量的主要因素,对加热炉加热过程和加热制度进行优化,提高加热质量,降低燃料消耗。而在一些收集存储数据的系统,系统的电压可能变化不定或者突然断电,MSP430FRAM 就是针对这些系统可以用来直接替换异步静态存储器(SRAM)而设计的存储器,能够进行无限次的读写操作,使用 MSP430FRAM 能够极大地节约电路板空间。使用 MSP430FRAM 的温度测试仪,兼具大容量数据存储、抗冲击、抗干扰、数据断电不丢失、实时采集速度高的特点。

温度记录仪系统采用内含多路开关、A/D 转换器、电压参考源的 16 位单片机 CPU 形成 16 通道低功耗温度记录仪。RC 组成的滤波电路滤掉热电偶信号中的干扰信号,经八选一多路开关输入至运算放大器放大到适当电平,再输入至 CPU 进行 A/D 采样,经数值转换和线性化后存储至 FRAM 存储器中。在整个测量结束后,由通信接口与计算机相连,将数据传送给计算机做进一步的分析和处理。电源部分则由低功耗低压差稳压电路和滤波电路组成,系统提供 3.3 V 的工作电源。温度记录仪各零部件均选用工业级,使工作温度在 −45～85℃之间正常运行。

FRAM 其接口方式为工业标准的 2 线接口:SDA 和 SCL。其功能操作与串行 EEPROM 相似,有读写两种操作状态,其读、写时序则与 I^2C 总线相似,总线上全部操作都由 SDA 与 SCL 两个脚位的状态来确定,有 4 个状态:开始、停止、数据与应答。并具有自动寻址、多主机时钟同步和仲裁等功能的总线。读写速度快、无写等待、按字节进行写操作。用单片机的两根 I/O 线与 SCL 和 SDA 相连,在 SDA 与 SCL 的引脚上接 10 kΩ 的上拉电阻到 +5 V,WP 脚接电源地以保证可任意写入数据。+5 V 的电源端接入 10 μF 去耦电容的目的是滤除高频干扰。SCL 线和 SDA 线是各设备对应输出状态相与的结果,任一设备都可以用输出低电平的方法来延长 SCL 的低电平时间,以迫使高速设备进入等待状态,从而实现不同速度设备间的时钟同步。因此,即使时钟脉冲的高、低电平时间长短不一,也能实现数据的可靠传送。图 6.10 是 MSP430FRAM I^2C 总线读写程序流程图。

温度记录仪系统软件程序设计分为主程序、数据采集程序、计算机通信程序。工作过程为:记录仪首先加电压,通过外部信号进行中断,使单片机进入数据采集的子程序并循环,达到定时时间后,停止采集,退出子程序,进入主循环,等待串口信号外部触发,从而进入数据传输子程序,将数据通过串口送入计算机。

为防止记录仪在回收并重新上电以后,AD 的误操作将存储器中的数据冲掉,应考虑从硬件设计上排除这种可能性,相关的软硬件抗干扰设计可以参考本书的第五章内容。采用铁电 MSP430FRAM 设计的温度记录仪,除具有抗过载冲击、抗干扰、数据断电不丢失的特点外,并具有实时采集速度要求很高,存储容量大的特点。它的实际应用具有军用和商用价值,能获得较高的经济效益。

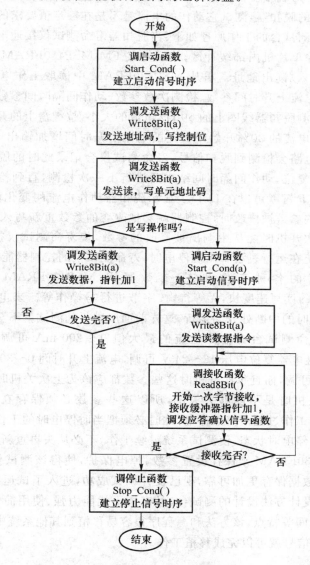

图 6.10　MSP430FRAM I^2C 总线读写程序流程图

6.2.5　MSP430FRAM 的脱扣器寿命测试仪

下面介绍 MSP430FRAM 为控制核心的脱扣器寿命测试仪中的应用。目前 FRAM 在中国已经涉足许多应用领域,例如计量领域的称重仪、计量器;汽车电子领域的 ABS、车身电子;以及电力能源的监测、通信领域系统、PLC、安全系统报警监控、工业控制、通信、金融电子、光碟播放机等。永磁式脱扣器是永磁式漏电保护断路器及永磁式漏电脱扣继电器等产品的核心部件。生产漏电断路器的厂家为了保证产品质量,需要定期对脱扣器抽样检测,测试脱扣器的使用寿命,即模拟操作一万次后,再来检测被检测的脱扣器,测试它动作的电流是不是在额定值要求的范围内。

脱扣器寿命测试台的工作原理如下:当脱扣器寿命测试仪接通电源后,系统首先进行初始化,清除单片机内部缓冲区;然后定义 FM MSP430FRAM 的写/读物理地址和动态数据写入/读出地址。再从 MSP430FRAM 中读取工作电流参数、继电器复位电压参数、电流上升时间参数、检测次数参数、动作间隔时间参数等;然后根据这些参数来控制被测脱扣器线圈上的 50 Hz 电流的大小,按键盘上的开机键,输出的电流会从设定工作电流的 20% 开始以设定的电流上升时间增加输出电流直到脱扣器动作,信号检测电路会检测到脱扣信号,寿命测试仪会记录此时的脱扣电流值;随后继电器使脱扣器复位,动作间隔时间结束后进行下一次检测,直到检测完所设次数,这时按键盘上的 P 键就可以在 LCD 上显示脱扣器动作电流的变化曲线。系统在运行过程中,当这些参数被修改时,控制器就会把改变的参数重新写入 MSP430FRAM 中保存,以便下次开机时能从中调出被修改的参数,使寿命测试仪按新的参数来运行。此外,当系统在运行过程中出现停电时,寿命测试仪的控制器能在极短的时间内把正在工作时的各种工作状态、参数写入 MSP430FRAM 中,这是因为 MSP430FRAM 的读写速度快,无等待,按字节进行写操作等。来电后开机,寿命测试仪就会从停电时的中断处开始运行,这样前面所进行的测试就不至于白做。

在脱扣器寿命测试台中输出电流的最大值 0～200 mA 可调,检测次数 0～10 000 次可调,继电器复位电压 12～24 V 可调,电流上升时间 0～300 s 可调,动作间隔时间 0～10 s 可调,而且每次开机时这些参数都应该为上次关机时的工作参数,因此这些参数在关机时是不能够丢失的,所以这些参数必须保存在 MSP430FRAM 中。同时当测试工作过程中突然停电,此时必须把当时停电时的工作状态保存下来,以备来电时恢复停电时状态,使测试系统继续工作,不必从头再重新开始工作。

使用 MSP430FRAM 来保存设置参数、掉电保护,使得该测试仪使用非常方便灵活,电源突变数据保存更加可靠,现已设计调试成功,进入了试运行阶段。运行结果表明,采用该设计方法设计的测试台,具有抗干扰能力强、使用简便,成本低,而且还节省了访问时间等特点,该方法和源程序很容易移植到其他系统中去,只须重新定义 SDA 和 SCL 信号就可以完成移植工作。

6.2.6 MSP430FRAM 在智能配电箱中的应用

由于 FRAM 有低功耗,高写入速度和次数,故广泛应用于仪表、电子产品、智能家用电器、各种通讯设备和办公设备中,归结为:①数据资料的非易失记录;②系统配置参数的记忆;③高噪声环境;④保存轨迹等。

下面介绍 MSP430FRAM 在智能配电箱中的应用。

电能记忆原理如下:电表作为一个计量用电量的仪器,电表的精度不但与检测芯片的精度有关,而且与其存储方式有关,如果检测到的电量数据不能随机写入存储器或写入存储器过程出错,电表的精度就会大大降低。基于铁电存储器的特点,我们对传统电表的电量存储方案设计进行了改革,由于 FRAM 的读写次数为 100 亿次,单片机(MCU)检测到一个脉冲就可以写入 FRAM 内,以 3 200 个脉冲为 1 度电计算,FRAM 能存 3×10^6 度电,对单相表和单相复汇率表足够用,由于电量数据是实时写入 FRAM,所以,不担心掉电后数据丢失的问题。由于铁电存储器不会像普通存储器那样有 10 ms 的写周期,所以不用担心电容的容量变小后会对 FRAM 存储数据有影响,因为铁电存储器内没有缓冲区,数据是直接写入 FRAM 对应的地址中,所以,写入的数据不会出错,即使出错,MCU 也可以通过协议判断出来,同一数据更不必像 EEPROM 存储数据那样存储到 3 个不同的地址,然后再把数据读出来校正。

I^2C 总线是近年来在电子通信控制领域广泛采用的一种总线标准,具有接线少、控制方式简单、通信速率高等优点。在主从通信中,可以有多个 I^2C 总线器件同时接到 I^2C 总线上,通过地址来识别通信对象,使其通过总线互相通信。此总线设计对系统设计及仪器制造都有利,可增加硬件的效率,提高仪器设备的可靠性,以及解决在数字控制电路上所遇到的接口问题。I^2C 总线是由数据线 SDA 和时钟 SCL 构成的串行总线,可以发送和接收数据。在 CPU 与被控 IC 之间、IC 与 IC 之间进行双向传送。在以单片机为核心的智能配电箱中,FRAM 作为数据存储的核心器件,与单片机之间正是以 I^2C 总线协议形式进行数据传送。以 MSP430FRAM 为例,其通信方式是双向两线协议,脚位少,占用线路板空间小;定义往总线上送数据的部件叫发送者,接受数据的叫接受者,控制总线的叫主机,主机为所有操作产生时钟,在总线上被控制的叫从机,MSP430FRAM 即是从机,两线协议即是总线上的所有的操作,都是由 SDA 和 SCL 两个脚位的状态来确定的。根据前述 MSP430FRAM 时序分析和硬件电路较容易编制读写子程序,从而实现软件设计。

以上简要介绍了 MSP430FRAM 芯片在工业记录仪器中的运用设计实例。实际使用时可根据需要增加存储器容量或采用更好的数据压缩算法,以便在有限的存储空间记录更多的数据。实践证明,采用 MSP430FRAM 作为记录仪器的存储体,使得仪器具有线路简单、性能可靠、使用寿命长、成本低廉等诸多优点。

6.3 区域火灾烟雾探测器设计

在区域火灾报警控制器中,MSP430FRAM 芯片的非易失性数据存储器、实时时钟和看门狗等功能,增强系统可靠性。MSP430FRAM 芯片利用铁电体技术,其存储区分为系统标志、探测器物理编码、探测器逻辑编码、探测器标志及报警记录区等部分。

实时时钟(RTC:Real Time Clock)使用 32.768 kHz 的晶体振荡器,提供年、月、日、时、分、秒和星期信息,最小分辨率为 1 s。实时时钟电路中带有寄存器,保证时钟准确读出和写入。可将时钟数据写入到寄存器用于读出,如果此时正处于时钟刷新阶段,刷新操作优先于写入到寄存器的操作。CPU 完成对时钟的读操作后,必须将该位清零。

区域火灾报警控制器中,MSP430FRAM 的 32 KB 数据存储区分系统标志区、探测器物理编码区、探测器逻辑编码区、探测器标志区和报警记录区等。

① 系统标志区:用来存放一些标志信息,如本机地址、串口通信速率、报警记录数、区域报警控制器连接探测器个数、报警探测器个数、消音标志、探测器故障报警标志、总线故障标志、火警标志和电源故障标志等。

② 探测器物理编码区:存放每个探测器的物理编码。探测器与区域报警控制器之间采用二总线模式连接,编/解码芯片为 MC145026/MC145027,其中地址编码为 5 位,数据/控制编码为 4 位。每位地址码均为 3 态,因此每个区域报警控制器可以挂接的探测器理论个数为 243 个(3^5)。

③ 探测器逻辑编码区:用户将房间号作为报警部位的显示编号。因此,需按每个探测器安装部位,输入各探测器的位置编号(2 位楼层号+2 位房间号),对每个已安装的探测器进行二次编码,并与探测器物理编码一一对应,完成逻辑编码。

④ 探测器标志区:每个探测器使用 1 个字节存放其状态标志(见表 6.1)。其中 C 为关闭标志,为 1,表示该探测器不被区域报警控制器巡检,主要用于探测器的检修或探测部位撤防情况;E 为探测器故障标志,为 1 表示该探测器出现故障;F 为火警标志,为 1 表示相关部位出现火警;L 为探测器巡检指示灯状态标志;其余 X 位无定义。

表 6.1 状态标志

X	X	X	X	L	F	E	C

⑤ 报警记录区:每条记录由探测器逻辑编码+报警类型+年月日时分秒组成(见表 6.2)。其中 H 为探测器逻辑编码,即该探测器部位号;T 为记录类型标志字节;日期和时间信息为 BCD 码格式,从 MSP430FRAM 的实时时钟读取。

表 6.2 年月日时分秒组成

H(2 字节)	T	年	月	日	时	分	秒

MSP430FRAM 的数据采集包括探测器编码的读取、查询、记录的写入、发送和特殊功能寄存器的读写等。系统采用 MSP430FRAM 自带的看门狗作为程序运行监视器。一旦程序跑飞,看门狗定时器溢出,就发出一个复位信号,使系统复位并恢复正常工作。利用 MSP430FRAM 的实时时钟,保存报警记录和故障的时间信息。系统运行时上位机主控软件定时读取区域报警控制器的实时时钟,并对其进行修正,以保证其准确性。

由于集成了非易失 RAM 和处理器配套电路,MSP430FRAM 在数据交换时需要单独寻址。在发送数据或地址前需要发送启动指令,数据交换结束后发送停止指令;在每一字节数据收(发)后要发送或检测应答信号(ACK)。

对 SFR 操作时,发送命令字节为(1101XA1A0R/W),其中 A1、A0 为器件地址,R/W=1 表示进行读操作,R/W=0 表示进行写操作;然后发送 SFR 地址,地址长度为一个字节,范围为 00~18h,例如将 RTC 的"年"设定为"2005 年",其 SFR 地址为08h,可设定单元地址 addr=0x08,数据参数 wbyte=0x05,调用 WriteReg 函数实现。

```
void WriteReg(unsigned char addr, unsigned char wbyte )
{ start();                        //启动总线
outbyte(0xd0);                    //发送写 SFR 命令
nack();                          //接收应答
outbyte(addr);                    //发送要写入的寄存器单元地址
nack();                          //接收应答
outbyte(wbyte);                   //发送要写入的数据
nack();                          //接收应答
stop();                          //发送停止位
}
```

对 RAM 区操作时,发送命令字节为(1010XA1A0R/W),其他操作与读写 SFR 相同,但地址长度为两个字节,即 RAM 区的寻址能力为 0~65 535,因此可用于FM3104 到 MSP430FRAM 全系列产品数据读写,这一点与 FM25 系列和 X25 系列的产品有本质的区别。

需要注意的是,FRAM 存储器具有内部地址锁存和自动累加功能,当需要对连续地址区间进行读写时,无需每次发送存储区地址,FRAM 存储器在读写操作完成后,自动将下一地址作为目标地址。在芯片内部 SFR 与 RAM 使用独立的地址寄存器,交叉操作也互不影响。

基于铁电 MSP430FRAM 的区域火灾报警控制器设计中,充分利用MSP430FRAM 的非易失性数据存储器、实时时钟和看门狗等功能,提高区域报警控制器的集成度,增强系统可靠性,降低系统成本。

6.4 智能 SFP 光模块中 MSP430FRAM 的使用

在光通信产品中,光模块占有十分重要的地位。光收发模块作为光纤通信网的关键技术之一,被广泛应用在同步光纤网络(SONET)和同步数字体系(SDH)、异步传输模式(ATM)、光纤分布数据接口(FDDI),以及快速以太网和千兆以太网等系统中。在现在的光通信产品中,SFP 光模块越来越得到青睐,SFP 模块体积比 GBIC 模块减少一半,还可以支持热拔插等功能,已经得到广泛的使用。同时,在现有的各种网络中所需要的光收发一体模块种类越来越多,要求也越来越高。为了满足系统不断增长的性能要求,光模块正不断向智能化、快速和高密度互联方向发展。

智能 SFP 光模块,即采用数字诊断功能的 SFP 光模块,将成为新一代光收发一体模块中的亮点。它可以实现网络管理单元实时监测收发模块的温度、供电电压、偏置电流,以及发射和接收光功率。通过对这些参数的监测,可以帮助系统管理员预测光模块的寿命、隔离系统故障并在现场安装中验证模块的兼容性等。

6.4.1 智能 SFP 光模块系统设计

1. 发射部分

光发射模块在光传输过程中的主要作用是将电脉冲信号转换成光脉冲信号,输入的是电信号,输出的是光信号。发射模块,主要由 TOSA 及激光驱动电路组成,其中 TOSA 由激光器 LD 及背光二极管 PD 组成。LD 采用的是垂直腔面发射激光器 VCSEL。激光驱动器首先将输入的电信号调制为满足数字光纤通信系统传输要求的激光器驱动信号,驱动信号由偏置电流 Ibias 和调制电流 Imod 组成,激光器在驱动信号的驱动下发出相应的光信号,光信号被耦合进光纤中并传输到接收端。在本设计中激光驱动器选用 MAX3286。

激光驱动器具有自动功率控制(APC)功能,APC 电路利用 TOSA 中的背光二极管,监测激光器背光的大小。当光功率小于某一额定值时,通过反馈电路使驱动电流增加,激光器输出功率增加为额定功率值。反之,若光功率大于某一额定值,则通过反馈电路使驱动电流减小,激光器输出功率随之减小。因此,APC 电路可动态调节激光器驱动偏置电流的大小,能够自动补偿激光器由于环境温度的变化或老化而引起的输出光功率的变化,保持其输出光功率波动范围相对稳定。

2. 接收部分

接收模块主要作用就是将经光纤光缆传输后衰减变形的微弱光脉冲信号通过光电转换成为电脉冲信号,并给予足够的放大,还原成为标准的数字脉冲信号。光接收模块主要由光电二极管 PD、前置放大器、限幅放大器等组成,其中光电二极管和前置放大器集成封装共同构成 ROSA。

光电二极管是数字光接收机的核心器件,它将光脉冲信号通过光电转换成为电脉冲信号,常用的主要有 PIN 光电二极管和 APD 雪崩光电二极管。光信号从光接口进入光电二极管 PD 后,转换成微弱的电流,电流经过前置放大器转换成电压并一级放大到合适的电平。本设计所采用的为 PIN 光电二极管。

限幅放大器的作用是把前置放大器输出的幅度不同的模拟信号处理成等幅的数字信号,同时对这些信号进行放大。为了与光电探测器进行良好的匹配并获得低噪声和宽频带,前置放大器的增益不能太高,前置放大器的输出电压幅度通常从几毫伏到几十毫伏,如此小的信号不能直接输出光模块,因此,有必要对该信号进一步放大;另一方面,由光电探测器从光信号中检测出的电流信号幅度定义在一容限电平上,这一容限考虑了光纤的容差、接头损耗以及因温度和老化引起的参数起伏,然而,为了对数据作进一步的处理,信号幅度最好为恒定值。因此,限幅放大器需要在一定的动态范围内,该动态范围通常要求超过 20 dB。在本设计中限幅放大器采用 MAX3768。

3. 数字诊断 DDM 部分

数字诊断部分主要由 MCU 来完成。通过 MCU,网络管理单元可以实时监测收发模块的温度、供电电压、激光偏置电流以及发射和接收的光功率。通过对这些参数的测量,管理单元能够迅速找出光纤链路中发生故障的具体位置,简化维护工作,提高系统的可靠性。5 个 DDM 参数首先由采集电路进行采集转换,后送至 ADC 输入端,ADC 电路将送来的 5 个模拟电压量转换成数字信号,经译码电路存于支持 DDM 的存储器的相应地址位上。信息的传递通过两线串行接口(时钟线 SCL 和数据线 SDA)来实现。

(1) SFF - 8472 协议简介

SFF - 8472 协议是对相关参数在线监控及数字化的具体规范,它将模块的 EEP-ROM 划分出两个 256 B 的存储单元,在协议中保留了原来 SFP 在地址 A0h 处的地址映射,并在地址 A2h 处又增加了一个 256 B 存储单元。A0h 存储单元用于存储 SFP 模块的一些通用信息,如模块类型、序列号、生产日期、波长和传输距离等。A2h 存储单元用 MCU 的 RAM 和 Flash 代替 EEPROM。MCU 实时采集到的 5 个模拟量的数字化测量结果、报警/告警标志位、系统状态标志位、用户自定义标志位等常改变又不需要保护的数据存储在 RAM 中,等待上位机采集。报警/告警阈值、内外校准参数、光通信系数、某些用户自定义参数等需要保护的数据存储在 Flash 中,一旦上位机改变这些数据,MCU 接收到新数据后,就要写到 Flash 保存起来,若掉电或者故障等缘故重启系统,则先从 Flash 中把这些保护的数据读出来给 RAM 等待上位机读取。

(2) 数字诊断硬件设计

光收发模块的 5 个诊断参量分别由激光驱动器和接收部分相关器件产生,但是这些参量的状态都是模拟电压信号,要实现数字诊断,首先必须将这些模拟信号通过模数转换器转换为数字信号,再根据 SFF - 8472 协议的规定,实现光收发模块的数字诊断功能。MCU 是整个 DDM 系统的监测控制中心,必须满足以下条件:具有足够容量且支持在线编程的 Flash 及 RAM;具有多通道的 ADC 功能;内置 I^2C 控制模块,既可做主机模式,也可以做从机模式;具备较快的处理速率;具备较多的 I/O 接口以方便扩展等。结合以上要求,MSP430FRAM 有一个 10 位的逐次逼近型 ADC,该 ADC 与一个 8 通道的模拟多路复用器连接,能对来自端口 A 的 8 路单端输入电压进行采样。单端电压输入以 0 V(GND)为基准。ADC 还包括一个采样保持电路,以确保在转换过程中输入到 ADC 的电压保持恒定。ADC 由 AVcc 引脚单独提供电源,AVcc 与 Vcc 之间的偏差不能超过 ±0.3 V。

(3) 数字诊断软件实现方式

在硬件设计完成以后,还必须开发单片机工作控制程序,才能完成光模块的数字诊断功能。根据光收发一体模块的设计要求,当模块工作环境在允许范围内时,光模块的一切参数性能都必须满足 SFF－8472 的要求。这就要求当单片机上电时,控制程序就开始运行,进行数字诊断。当单片机上电后,控制程序首先开始初始化,包括对单片机 I/O 接口的配置、TWI 的配置、ADC 通道的配置以及看门狗定时器的配置等。初始化结束后,控制程序循环开始运行。

6.4.2　SFP 光模块信息存储

在智能化的 SFP 光模块中,总是将各种信息(如该模块的版本号、光模块类型、激光器类型、各种告警信息以及状态信息等)存储在光模块上的 EEPROM 存储芯片中。在传统的方案中常会选用 EEPROM,例如 ATMEL 公司的 AT24C02A。该芯片主要是用于数据存储,共有 8 个管脚,其中:A0 - A2 作为地址线(主要是用作判断和读取相应地址寄存器的数据信息);SDA 和 SCL 管脚共同组成了 IIC 总线,分别对应其中的串行数据总线和时钟总线;WP 为写保护,主要用来提供硬件数据保护;NC 为空管脚;GND 和 Vcc 分别为地和电源。采用 TI MSP430FRAM 作为数据存储,不仅可以省去一个 IIC 存储芯片,同时减小光模块板卡的体积。更方便的是在 TI MSP430FRAM 中集成了 I^2C 在线下载功能,可以简化光模块的生产工艺流程。

在当今光通信的发展过程中,对光模块的智能化要求越来越高,因此智能 SFP 光模块的研究有着重要的应用前景。将数字诊断引入光模块,可以在很大程度上提高光模块稳定工作的温度范围,其眼图、消光比和平均发射光功率等关键参数的稳定性都将得到明显的改善。本设计方案经过验证,完全兼容 SFF - 8472 协议,精度满足要求,相比于同类产品中具有可靠性、易扩展、性价比高等优点,在智能 SFP 光模块的设计方面有较好的参考价值。

6.5　远程传感器设计

FR57xx 系列突破了现有的存储器功耗及可写入次数限制,使得开发人员能够凭借功能更多、连续工作时间更长的新产品所拥有的更高性价比的数据录入、远程感测和无线升级能力让世界变得更加智能。

TI FRAM 微控制器为 WSN 带来福音,无线传感器网络(WSN)绝对是近几年最热门的应用之一,能让我们的世界变的更加智能,这需要更多的传感器以及通过传感器实时采集更多的数据并远程更新。现有的单片机技术很难满足这些应用,而传感器供电问题和 Flash 擦写次数则更是大的难题。TI 新型 MSP430FR57xx FRAM 系列是目前解决以上问题的最佳方案。

与基于 Flash 和 EEPROM 的微控制器相比,该 FRAM 系列可确保 100 倍以上的数据写入速度和 250 倍的功耗降幅。当从 FRAM 中执行代码时,可将目前业界最佳功耗水平降低 50% 以上,工作流耗为 100 $\mu A/MHz$(主动模式)和 3 μA(实时时钟模式)。FRAM 的擦写次数可以超过 100 万亿次,对很多应用而言,这样的擦写次数几乎是不受限制的。FRAM 是非易失性存储器,在所有电源模式中均可提供数据保存能力。有了 FRAM,就不必再采用单独的 EEPROM 和依赖电池供电的 SRAM,可利用软件轻松完成数据内存与程序内存的分区,通过一个 16 KB 通用型 FRAM 实现应用的灵活性。FRAM 与 SRAM、EEPROM、闪存的性能比较见表 6.3。

表 6.3 FRAM 与 SRAM、EEPROM、闪存的性能比较

性能	FRAM	SRAM	EEPROM	闪存 Flash
非易失性(在没有电源的情况下保存数据)	有	无	有	有
写入速度	10 ms	小于 10 ms	2 s	1 s
平均有效功率	110 μA/MHz	小于 60 μA/MHz	50 mA/MHz	260 mA/MHz
可写入次数	100 万亿次	不受限制	100 000	10 000
动态编程(可按位编程)	有	有	无	无
统一存储区(灵活的代码和数据分区)	有	无	无	无

此外,MSP430FR57xx FRAM 微控制器的其他一些性能也使其特别适用于 WSN 等相关领域:实现了可靠的远程软件升级,特别是可以实现空中升级;众多由 TI 提供的兼容型射频(RF)工具可简化系统开发工作;可实现无电池的智能型 RF 连接解决方案。

MSP430FR57xx 目前最高只有 16 KB 的 FRAM,但是足以满足 WSN 的一些应用,未来根据不同需求,会有采用更大的 FRAM 的 MPS430 系列。此外,由于看到了 FRAM 如此多的优势,TI 也已经考虑将 FRAM 应用在其他的 MCU 中,如 TMS320C2000 系列。

6.5.1 "五防"的概念

电力系统中的五防是指:

① 防止误分、合断路器;

② 防止带负荷分、合隔离开关;

③ 防止带电挂(合)接地线(接地开关);

④ 防止带接地线(接地开关)合断路器(隔离开关);

⑤ 防止误入带电间隔。

电气"五防"功能的实现成了电力安全生产的重要措施之一。随着电网的不断发展,技术的不断更新,防误装置得到不断改进和完善。防误装置的设计原则是:凡有可能引起误操作的高压电气设备,均应装设防误装置和相应的防误电气闭锁回路。

"五防"的概念是 1980 年由原水利电力部提出的,此后,电力自动化技术经历了飞速的发展,由此带动了电力系统操作方式和管理方式的不断变化。这些都给"五防"提出了许多新的要求,需要更完善的技术措施实现操作全过程的防误。在这种背

景下,优特提出了防止电气误操作五层防线理论,为完善电气防误体系提供了新思维。五层防线的定义是:为防止电气误操作,在人和设备之间,用技术措施筑起的五层防线。这一新的思维是对传统五防概念的扩展和跨越,在涵盖传统五防概念的基础上,从设备操作过程全程防误的角度出发,采用不同的技术措施,从根本上杜绝电气误操作的发生。五层防线结构示意图如图 6.11 所示。

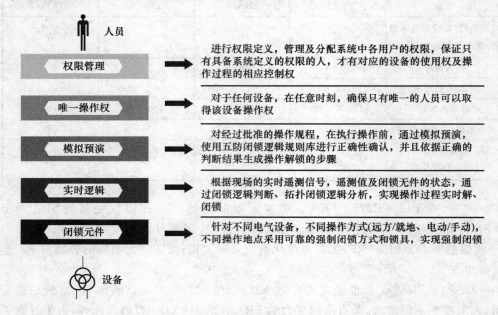

图 6.11　五层防线结构示意图

6.5.2　防误闭锁装置的演变

　　常规防误闭锁方式主要有 4 种:机械闭锁、程序锁、电气联锁和电磁锁。这些闭锁方式在防误工作中发挥了积极作用,经过多年的使用和运行考验,各种传统闭锁方式的优缺点均已充分显示。

1. 机械闭锁

　　机械闭锁是在开关柜或户外闸刀的操作部位之间用互相制约和联动的机械机构来达到先后动作的闭锁要求。机械闭锁在操作过程中无需使用钥匙等辅助操作,可以实现随操作顺序的正确进行,自动地步步解锁。在发生误操作时,可以实现自动闭锁,阻止误操作的进行。机械闭锁可以实现正向和反向的闭锁要求,具有闭锁直观、不易损坏、检修工作量小、操作方便等优点。然而机械闭锁只能在开关柜内部及户外闸刀等的机械动作相关部位之间应用,与电器元件动作间的联系用机械闭锁无法实现。对两柜之间或开关柜与柜外配电设备之间及户外闸刀与开关(其他闸刀)之间的闭锁要求也鞭长莫及。所以在开关柜及户外闸刀上,只能以机械闭锁为主,还需辅以其他闭锁方法,方能达到全部五防要求。

2.　程序锁

程序锁(或称机械程序锁)是用钥匙随操作程序传递或置换而达到先后开锁操作的要求。其最大优点是钥匙传递不受距离的限制,所以应用范围较广。程序锁在操作过程中有钥匙的传递和钥匙数量变化的辅助动作,符合操作规程中限定开锁条件的操作顺序的要求,与操作规程中规定的行走路线完全一致,所以也容易为操作人员所接受。程序锁在使用中所暴露的问题是:

① 某些程序锁功能简单,只能在较简单的接线方式下采用,由于不具备横向闭锁功能,在复杂的接线方式下根本不能采用。

② 具有较灵活闭锁方式的程序锁虽然能满足复杂的接线,但在闭锁方案中必须设置母线倒排锁,使得操作过程十分复杂。

③ 在大容量的变电站中,隔离开关分合闸采用按钮控制电动机正反转,而程序锁对按钮无法进行程序控制。

④ 程序锁也需要众多的程序钥匙,由于安装不规范、生产工艺及材料差等问题,使程序锁易被氧化锈蚀、发生卡涩,致使一定时间内失去闭锁功能。

⑤ 倒闸操作中,分、合两个位置的精度无法保证。

⑥ 程序锁使用时,必须从头开始,中间不能间断。所以程序锁现在已不采用。

3.　电气闭锁

电气闭锁是通过电磁线圈的电磁机构动作,来实现解锁操作,在防止误入带电间隔的闭锁环节中是不可缺少的闭锁元件。电气闭锁的优点是操作方便,没有辅助动作,但是在安装使用中也存在以下几个突出问题:

① 一般来说电磁锁单独使用时,只有解锁功能没有反向闭锁功能。需要和电气联锁电路配合使用才能具有正反向闭锁功能。

② 作为闭锁元件的电磁锁结构复杂,电磁线圈在户外易受潮霉坏,绝缘性能降低,增加了直流系统的故障率。

③ 需要敷设电缆,增加额外施工量。

④ 需要串入操作机构的辅助触点。根据运行经验,辅助触点容易产生接触不良而影响动作的可靠性。

⑤ 在断路器的控制开关上,一般都缺少闭锁措施。

4.　单片机防误闭锁装置

自 20 世纪 90 年代初,单片机技术就进入了防误闭锁领域。单片机防误闭锁装置是一种采用计算机技术,用于高压开关设备防止电气误操作的装置。经过 10 多年来的发展,单片机防误闭锁装置已逐渐成熟,并已在电力系统中广泛推广。单片机防误系统通过软件将现场大量的二次闭锁回路变为电脑中的五防闭锁规则库,实现了防误闭锁的数字化,并可以实现以往不能实现或者是很难实现的防误功能,应该说是电气设备防误闭锁技术的最新技术和飞跃。

（1）单片机防误闭锁的原理

单片机防误闭锁系统一般由防误主机、电脑钥匙、遥控闭锁控制单元、机械编码锁、电气编码锁及智能锁具等功能元件组成,完全满足电气设备"五防"功能的要求。系统建立闭锁逻辑数据库,将现场大量的二次电气闭锁回路变为计算机中的防误闭锁规则库,防误主机使用规则库对模拟预演操作进行闭锁逻辑判断,记录符合防误闭锁规则的模拟预演操作步骤,生成实际操作程序。防误主机按照实际操作程序,根据设备闭锁方式的不同采用以下 3 种方式进行解锁操作:

① 电脑钥匙解锁。

② 通过遥控闭锁控制单元等直接控制智能锁具解锁。

③ 通过通信接口对监控系统执行解锁。运行人员按照防误主机及电脑钥匙的提示,依次对设备进行操作。对不符合程序的操作,设备拒绝解锁,操作无法进行,从而防止误操作的发生。通过跟踪现场设备的实际状态、接收电脑钥匙的回传信息,防误主机对当前操作进行确认后,进行下一步操作,直到操作任务结束。图 6.12 为单片机防误闭锁操作流程图。

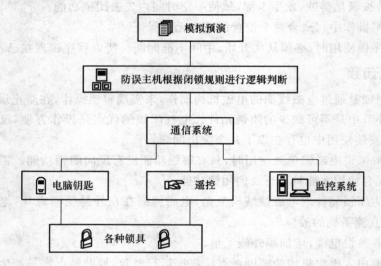

图 6.12　单片机防误闭锁操作流程图

（2）单片机防误闭锁技术的发展

20 世纪 80 年代中期,经过多年努力,发明了单片机防误闭锁装置。历经 20 多年的发展,单片机防误技术不断成熟,功能不断完善。单片机防误闭锁装置成为发电厂、变电站建设和改造中不可或缺的设备,保障了电力生产的安全,明显降低了误操作事故的发生。电力系统发生的电气误操作事故呈逐年上升的趋势。单片机防误闭锁技术也得到了大面积的推广,目前在调度和配网上也开始逐步推广应用。单片机防误闭锁技术的发展可分 3 代,各自具有如下特点。

① 第一代单片机防误装置,如图 6.13 所示。

• 单片机控制:首次把嵌入式单片机控制技术应用到电力系统防止误操作中;

- 逻辑闭锁:首次抽象出防误闭锁操作规则的数学模型,创立防误闭锁逻辑表达式,解决了原机械闭锁和电气闭锁难以实现的复杂操作闭锁。
- 电脑钥匙:独创性地使用电脑钥匙,实现"一把钥匙开多把锁"。
- 编码锁具:锁具使用编码识别技术,推出简单实用的挂锁。
- 记忆对位:现场设备状态采用记忆对位,避免了放置大量电缆,节省了设备投资。

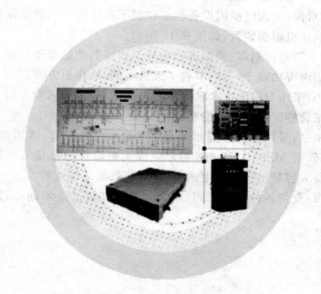

图 6.13　第一代单片机防误装置

② 第二代单片机防误装置,如图 6.14 所示。

图 6.14　第二代单片机防误装置

- 分布式处理：模拟屏内部发展成简单的网络，采用分布在屏内的 I/O 板卡完成对各个屏内元件的位置采集和控制，提高了可靠性。
- 人机界面：模拟屏和电脑钥匙均采用了汉字显示技术，方便了运行人员操作。
- 设备改进：电脑钥匙功能增加，体积减小，便于携带操作，锁具可靠性增强。
- 实时对位：可与变电站监控系统接口，通过监控系统将断路器、电动刀闸等设备状态的批量信息快速保存在 MSP430FRAM 铁电存储器中中进行实时采集、实时对位，大大减少因设备状态位置不对应而产生的误操作。

③ 第三代单片机防误装置，如图 6.15 所示。

- "三屏合一"：将控制屏、模拟屏和信号返回屏的功能集于一屏，集模拟、控制、监视和防误等功能于一体，节省了大量空间，操作更方便。
- 无限编码：采用 RFID 技术取代过去的机械编码，编码数无限且无重码，满足了集控站管辖区域设备多的要求。
- 增强型钥匙：采用大屏幕显示和高速 IrDA 红外传输，增加现场操作存储功能，采用铁电 MSP430FRAM 可以完成大量数据的批量实时快速存储，系统电源配备大容量可充电锂电池，并支持超低温环境运行。
- 兼容性强：支持各种标准规约，使综合操作屏能适应不同接口的变电站自动化系统。

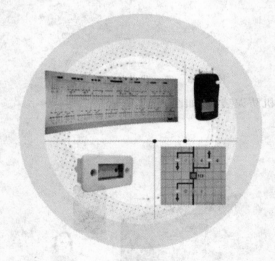

图 6.15　第三代单片机防误装置

④ 第四代单片机防误装置（单片机防误的最新技术），如图 6.16 所示。

- 双网络多模式在线操作。
- 电脑钥匙离线/在线两种操作模式。
- UT－net 短距微功耗无线网络。
- 多种任务并行操作、单任务协同操作。
- 移动操作终端。

- 完善的遥控操作防误功能。
- 测控一体化智能锁具。
- 智能双接口锁具。
- 倒闸操作过程全程在线监控。
- 防空程功能。
- 实时防误逻辑判断。
- 智能解锁。

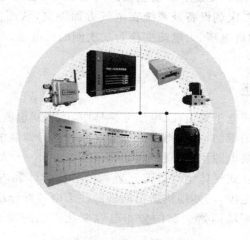

图 6.16　第四代单片机防误装置

6.6　电子式高压互感器中温湿度的实时测量

电子式互感器作为新型电力系统测量仪器,在电力系统中发挥越来越大的作用,而对于互感器输出数据的正确性的检测需要采取措施来得以保证,本节主要从影响互感器物理结构和绝缘的因素出发,分析互感器的温度和内部绝缘气体的湿度对互感器的影响,主要体现在:环境温度的变化对新型组合独立式电子式高压互感器测量结果的影响主要体现在构造电压、电流传感器的材料在温度作用下会有膨胀效应,因而将改变电压、电流传感器的输出;SF6 气体中微水含量超过规定标准,使互感器存在安全隐患。水分是 SF6 气体中极其有害的杂质,它会引起一系列的问题,更严重的情况是导致安全事故。

下面从测量的需要出发,设计传感器电路、单片机系统以及串口通信接口电路,并且给出详细的软件设计流程图,来实现本系统对电子式互感器温、湿度的在线监测,从而实现即时对互感器进行诊断修复。

传统的电磁式互感器是一种为测量仪器、仪表、继电器和其他类似电器供电的变压器,而电子式互感器不同,它是由连接到传输系统和二次转换器的一个或多个电流或电压传感器组成,用以传输正比于被测量的量,供给测量仪器、仪表和继电保护或控制装置。在数字接口的情况下，一组电子式互感器用一台合并单元完成此功能。

互感器的主要作用有以下几个方面：

① 将电力系统一次侧的电流、电压信号传递到二次侧与测量仪表和计量装置配合，可以测量一次系统电流、电压和电能。

② 当电力系统发生故障时，互感器能正确反映故障状态下电流、电压波形，与继电保护和自动装置配合，可以对电网各种故障构成保护和自动控制。

③ 通常的测量和保护装置不能直接接到高电压、大电流的电力回路上，互感器将一次侧高压设备和二次侧设备及系统在电气方面隔离，从而保证了二次设备和人身安全，并将一次侧的高电压、大电流变换为二次侧的低电压、小电流，使计量和继电保护标准化。

6.6.1　系统概述

在新型组合独立式电子式电流、电压互感器中，电子式电流互感器采用倒立式气体绝缘电流互感器的绝缘结构，使得电流测量线圈和信号调制电路板均位于地电位，因而可以直接采用普通电源用电缆供电，不再需要光供电，大大提高了可靠性；电子式电压互感器利用倒立式气体绝缘电流互感器的一次导体和内层、外层电气连通的双层屏蔽筒构成的地电极，巧妙地构造出同轴圆柱形电容器分压，克服了多级电容串联分压方式易受外界环境因素引起的分布电容变化影响的缺点，测量精度高，稳定性好。

在互感器运行过程中，环境温度的变化对新型组合独立式电子式高压互感器测量结果的影响主要体现在构造电压、电流传感器的材料在温度作用下会有膨胀效应，因而将改变电压、电流传感器的输出。对电流传感器，温度的变化将引起 Rogowski 线圈骨架尺寸的变化，从而导致空芯线圈互感系数的变化而影响感应电压的测量结果；而对电压传感器而言，温度的变化则主要改变柱状电容环的几何尺寸，进而影响一次侧电容的大小，最终会影响二次电压的测量结果。

新型组合独立式电子式电流、电压互感器采用 SF6 气体绝缘，绝缘结构简单、绝缘强度高。SF6 的泄漏会迅速降低互感器的绝缘性能。同时，互感器外部潮气也会渗透进高压互感器内部，引起 SF6 气体中微水含量超过规定标准，使互感器存在安全隐患。水分是 SF6 气体中极其有害的杂质，它可引起一系列的问题，控制 SF6 气体的水分含量，是保证互感器正常运行、人身安全的重要措施。虽然纯 SF6 是无毒无害的，但其分解物全是有毒的。在电弧作用下，微量 H_2O 与 SF6、金属发生水解反应，产生剧毒和腐蚀气体，这些分解物不仅会造成设备内部有机绝缘材料的性能劣化或金属的腐蚀，危及安全运行。而且一旦有 SF6 泄漏还会对其他电气设备和人身带来严重危害及不良后果，还增加了环境中的温室效应气体。

由以上分析，可以看出，需要随时对电子式互感器内部的温度和湿度进行检测，倘若与正常情况下的数据不同，需要采取一定措施以保证互感器的数据的准确性。

在此采用一个集合了温度与湿度测量的温湿度传感器对其内部温度与湿度进行

监控,以便随时都可以对其温度与湿度进行准确的监测,以保证互感器运行的安全性与可靠性。

整个系统由硬件电路部分和软件分析部分组成,主要包括温湿度传感器、MSP430 单片机系统、串口通信电路和计算机等。系统原理框如图 6.17 所示。

图 6.17　系统原理框图

6.6.2　硬件电路部分设计

1. 传感器

系统采用 DB120 数字温湿度传感器探头,对互感器内部的温度与湿度进行测量。DB120 数字温湿度传感器探头是数字温湿度传感器系列中电缆型的传感器。传感器把传感元件和信号处理集成起来,输出全标定的数字信号。传感器内部包括一个电容性聚合体测湿敏感元件、一个用能隙材料制成的测温元件,并在同一芯片上,与 14 位的 A/D 转换器以及串行接口电路实现无缝连接。因此,该产品具有品质卓越、高防护等级、超快响应、抗干扰能力强和极高的性价比等优点。

每个传感器芯片都在极为精确的湿度腔室中进行标定,校准系数以程序形式储存在 OTP 内存中,在标定的过程中使用。传感器在检测信号的处理过程中要调用这些校准系数。两线制的串行接口与内部的电压调整,使外围系统集成变得快速而简单。具有微小的体积、极高的防护性能和极低的功耗等特点。可应用于工业现场测量、电信基站、电力控制柜、办公室、超市、档案室、生产车间、仓库、机房和工地等测量的场合。

实物图以及接线图如图 6.18 和图 6.19 所示。

图 6.18　DB120 传感器实物图

传感器的技术条件:测湿范围:0～100%RH;测温范围:-40～+120℃;高精度:湿度±1.8%RH,温度±0.3℃(在 25℃);分辨率:湿度精度为 14 位,温度精度为

12 位。

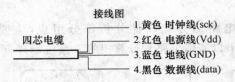

图 6.19 DB120 传感器接线图

2. MSP430 单片机系统设计

采用 MSP430FRAM 单片机,通过软件设置,单片机与传感器之间建立起通信连接,由编程决定传感器输出的是温度信号还是湿度信号;同时单片机将接收到的数字信号经过计算公式还原,串行输出,再通过串行通信接口电路传输给计算机,在计算机上读出温度与湿度数值。单片机系统电路如图 6.20 所示。

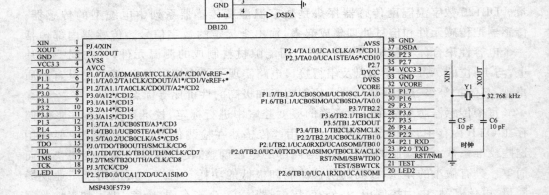

图 6.20 单片机系统电路图

复位电路也是影响该数据采集系统稳定工作的一个重要因素。为了保证数据采集系统可靠的复位和正常的工作,需要提供一定周期的充电时间和放电时间,并且也要保证电源的质量,本设计采用低功耗单片机专用复位电路的芯片 MAX823,搭建芯片推荐的外围电路即可实现,如图 6.21 所示。

主控单片机 MSP430FR5739,复位芯片 MAX823 的电源电压采用 3.3 V 的电压。3.3 V 电路如图 6.22 所示。

JTAG 接口电路用于从计算机中下载程序给单片机,如图 6.23 所示。

MSP430F1611 的时钟模块由高速晶体、低速晶体、数字控制振荡器 DCO 构成,可以输出 3 种不同的频率时钟:ACLK(辅助时钟)、MCLK(主系统时钟)和 SMCLK(子系统时钟),送给不同需求的模块,设计时要根据模块的需要、对功耗的要求来权

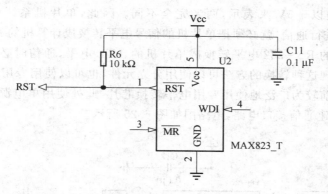

图 6.21　复位电路

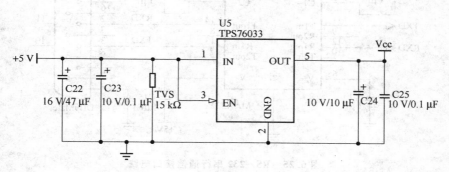

图 6.22　3.3 V 电源电路

衡考虑选择哪个频率的时钟。此系统中用 4 MHz 晶振作为时钟基准,电路图如图 6.24 所示。

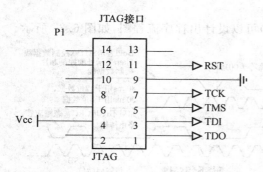

图 6.23　JTAG 接口电路

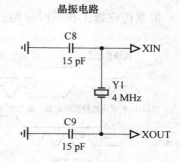

图 6.24　晶振电路

3. 计算机与 MSP430 单片机串行通信接口电路

　　单片机输出的串行信号通过 RS-232 接口传输给计算机,因而单片机与计算机之间需要一个串行通信接口电路,RS-232 规定的逻辑电平与一般微处理器、单片机的逻辑电平是不同的,例如,RS-232 的逻辑"1"是以 -3～-15V 来表示的,而单片机的逻辑"1"是以＋5V 来表示,两者完全不同。因此,单片机系统要和计算机的 RS-232接口进行通信,就必须把单片机的信号电平转换成计算机的 RS-232 电平,或者把计算机的 RS-232 电平转换成单片机的 TTL 电平,通信时必须对两种电平进行转换。实现这种转换的方法可以使用分立元件,也可以使用专用 RS-232 电平转换芯片。目前较为广泛地使用专用电平转换芯片,此处使用单电源电平转换芯片 MAX232 来搭建通信接口电路,电路图如图 6.25 所示。

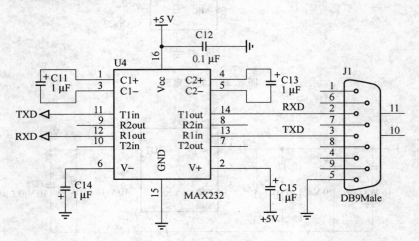

图 6.25   RS-232 串行通信接口电路

单片机输出的信号通过 RS-232 串行通信接口电路传输给计算机,通过 Labview 虚拟仪器,将接收到的数据在计算机上显示出来,实现在线监测。

6.6.3   软件部分设计

根据传感器工作的时序图(图 6.26)可以设计出程序流程图,如图 6.27 所示。

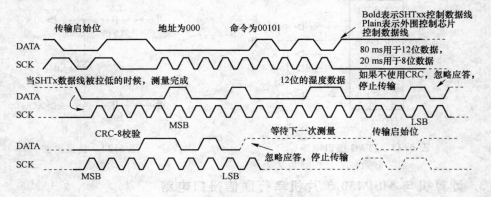

图 6.26   传感器工作时序图

用一组"启动传输"时序,如图 6.28 所示,来表示数据传输的初始化。它包括:当 SCK 时钟高电平时 DATA 翻转为低电平,紧接着 SCK 变为低电平,随后是在 SCK

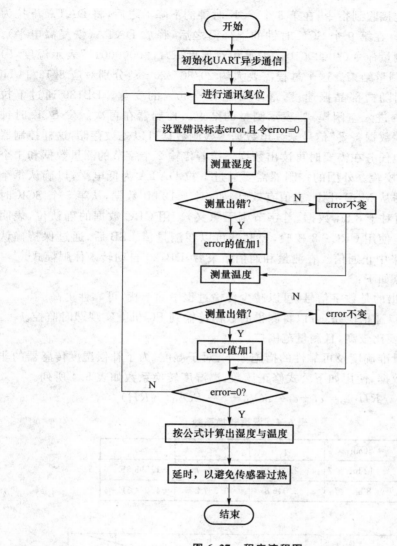

图 6.27　程序流程图

时钟高电平时 DATA 翻转为高电平。

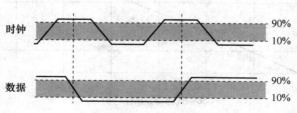

图 6.28　"启动传输"时序

后续命令包含 3 个地址位(目前只支持"000")和 5 个命令位。DB120 会以下述方式表示已正确地接收到指令：在第 8 个 SCK 时钟的下降沿之后，将 DATA 下拉为低电平（ACK 位）。在第 9 个 SCK 时钟的下降沿之后，释放 DATA（恢复高电平）。给传感器发一组测量命令（"00000101"表示相对湿度 RH，"00000011"表示温度 T）后，控制器要等待测量结束。这个过程需要大约 20/80/320 ms，分别对应 8/12/14 bit 测量。确切的时间随内部晶振速度，最多可能有 -30% 的变化。DB120 通过下拉 DATA 至低电平并进入空闲模式，表示测量的结束。控制器在再次触发 SCK 时钟前，必须等待这个"数据备妥"信号来读出数据。检测数据可以先被存储，这样控制器可以继续执行其他任务在需要时再读出数据。接着传输 2 个字节的测量数据和 1 个字节的 CRC 奇偶校验。外围的控制器需要通过下拉 DATA 为低电平，以确认每个字节。所有的数据从 MSB 开始，右值有效（例如：对于 12 bit 数据，从第 5 个 SCK 时钟起算作 MSB；而对于 8 bit 数据，首字节则无意义）。用 CRC 数据的确认位，表明通信结束。如果不使用 CRC - 8 校验，控制器可以在测量值 LSB 后，通过保持确认位 ACK 高电平，来中止通信。在测量和通信结束后，DB120 自动转入休眠模式。

本设计的特点如下：

① 传感器输出的是数字信号，可以减少传输过程中的干扰，可靠性更高。

② 设计的串口通信电路，可以将测得的数据传输到 PC 机上实现即时监控。

③ 数据的精度比较高，且测量范围广。

为了提高测量准确度及可靠性的措施如下：对于湿度，为了补偿湿度传感器的非线性以获取准确数据，使用如下公式修正读数，温湿度转换系数如表 6.4 所列。

$$RH_{\text{linear}} = c_1 + c_2 \cdot SO_{\text{RH}} + c_3 \cdot SO_{\text{RH}}^2 (\%RH)$$

表 6.4　湿度转换系数

SO_{RH}	c_1	c_2	c_3
12 bit	−2.046 8	0.036 7	−1.595 5E − 6
8 bit	−2.046 8	0.587 2	−4.084 5E − 4

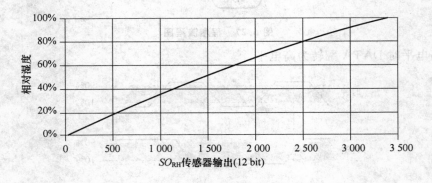

图 6.29　从 SO_{RH} 转换到相对湿度

由于实际温度与测试参考温度 25 ℃（≈77 ℉）的显著不同，湿度信号需要温度补

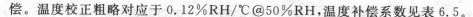

偿。温度校正粗略对应于 $0.12\%RH/℃@50\%RH$，温度补偿系数见表 6.5。

$$RH_{true}=(T_℃-25)\cdot(t_1+t_2\cdot SO_{RH})+RH_{linear}$$

表 6.5　温度补偿系数

SO_{RH}	t_1	t_2
12 bit	0.01	0.00008
8 bit	0.01	0.00128

对于温度，由能隙材料 PTAT(正比于绝对温度)研发的温度传感器具有极好的线性。可用如下公式将数字输出转换为温度值，温度转换见表 6.6。

$$T=d_1+d_2\cdot SO_T$$

表 6.6　温度转换系数表

Vdd	d_1(℃)	d_1(℉)
5 V	−40.1	−40.2
4 V	−39.8	−39.6
3.5 V	−39.7	−39.5
3 V	−39.6	−39.3
2.5 V	−39.4	−38.9

SO_T	d_2(℃)	d_2(℉)
14 bit	0.01	0.018
12 bit	0.04	0.072

设计中所用的器件有温湿度传感器 DB120，复位芯片 MAX823_T，稳压 LDO TPS76033，电平转换芯片 MAX_232。本节首先说明测量电子式传感器绝缘气体内的温度与湿度的目的与意义，根据实际需要设计设计出了能够方便检测互感器温度与湿度的测量系统。文中详细介绍了硬件电路各个部分的组成与功能以及硬件电路图，并且对软件设计部分也进行详尽介绍。

6.7　太阳能最大功率 MPPT 跟踪器设计

6.7.1　系统的整体框图

本系统的框图如图 6.30 所示。系统以 MSP430FRAM 为核心控制器，核心控制器通过 DC – DC 降压电路从 12 V 蓄电池取电。通过对光伏太阳能板输出电压与电流进行采样，可以实现最大功率跟踪。通过对铅酸电池的电压及充电电流进行采样，可以实现蓄电池充电的控制。

6.7.2　电路拓扑的选择

MPPT 蓄电池充电器中，功率主电路主要有 Buck、Boost 和 Buck – Boost 等可以选择，Buck 用于光伏电池电压大于蓄电池的场合，Boost 用于光伏电池电压小于蓄

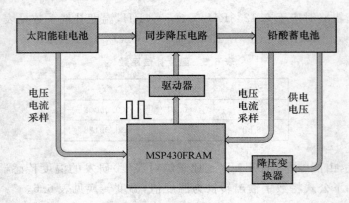

图 6.30　MPPT 控制器系统框图

电池的场合,Buck – Boost 则兼容电池电压大于或小于光伏电池的场合。这里由于光伏电板的电压为 18 V,蓄电池电压为 12 V,因此,选择 Buck 电路拓扑结构。

　　Buck 电路的典型拓扑如图 6.31 所示,在电流连续模式下,输出电压、输入电压与 PWM 占空比的关系为 $V_{out} = V_{in} \cdot D$,利用 Buck 变换器的阻抗可变原理,使 Buck 变换器阻抗与光伏电池内阻相等,则可以得到最大的功率输出。

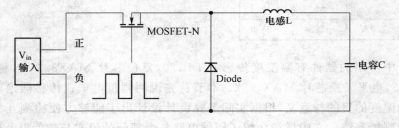

图 6.31　Buck 电路

　　这里,出于效率的考虑选择了同步 Buck 电路为系统的主电路以减小功耗。同步 Buck 电路原理图如图 6.32 所示。

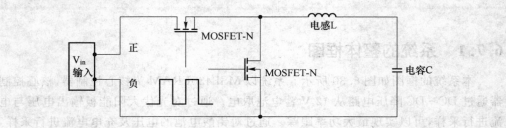

图 6.32　同步 Buck 电路

6.7.3　电路的设计

　　为了实现 MPPT 算法以及蓄电池充电的控制,需要对光伏电板的输出电压、输出电流、蓄电池的电压以及蓄电池的充电电流进行检测。因此需要设计电压以及电流采样电路。电压采样电路选择常用的电阻分压方式。电流采样利用采样电阻对电流采样,由于光伏电板的电流采样电阻是浮地的,因此需要利用隔离放大器将采样电阻上的电压传送至单片机的 A/D。这里选择 AMC1200 作为电流采样隔离放大器。电压采样以及电流采样电阻如图 6.33 所示。

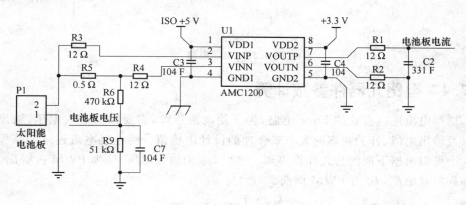

图 6.33　采样电路

由于采用了同步 Buck 电路,因此需要一个同步整流驱动器。这里选择 TPS28225 作为 MOSFET 的驱动器。TPS28225 是德州仪器公司低压同步整流的专用驱动芯片,能够提供 2A 的 Source 电流以及 4A 的 Sink 电流,性能非常好,参考图见图 6.34。

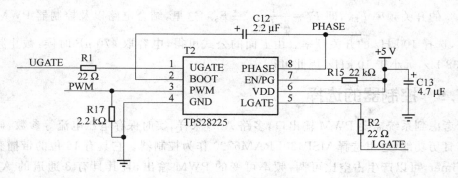

图 6.34　同步 Buck 电路

此外,系统中需要从蓄电池获得控制器和外围芯片的供电电源。考虑到蓄电池为 12 V,而芯片为 5 V 供电,如果采用 7805 这类线性电源的话,效率将很低,这里选择德州仪器公司的 TPS5410 PWM 控制器,如图 6.35 所示。它能够提供 1 A 的输出能力,输入范围高达 30 V,非常合适本系统。

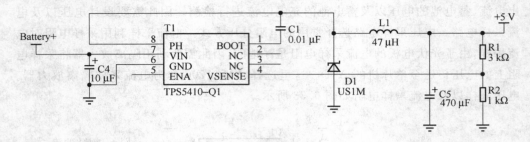

图 6.35　电源电路

6.7.4　电路元器件参数计算

选择电流连续模式的 Buck 电路,为了使电流连续,需要根据输入电压、输出电压以及输出电流、开关频率的大小来合理的设计电感值。使电感电流连续的临界电感大小可以根据下面的公式计算得到。这里 U_D 为输入电压,D 为 PWM 占空比,I_{ok} 为临界负载电流,T_s 为 PWM 周期。

$$L = \frac{U_D \cdot T_S}{2 I_{OK}} D \cdot (1-D)$$

系统中 $U_D = 18$ V,$T_S = 1/10\ 000$,D 取 0.5 时候 $D(1-D)$ 有最大值 $1/4$,I_{ok} 为 0.5 A,通过公式可得到 $L = 450\ \mu H$。

选择好电感以后,根据开关频率 F_{sw},可以计算得到后面 LC 滤波的电容大小。为了减小输出系统的纹波以及控制系统的稳定,需要使 LC 滤波器的截止频率 F_C 小于 1/5 的开关频率 F_{sw},即 $F_C = \frac{1}{2\pi LC} < \frac{1}{5} F_{sw}$,这里,结合电路以及控制器 PWM 的特性,选择 10 kHz 的开关频率。由上面的公式可得,电容取 470 μF 时候,截止频率为 338 Hz,远小于 10 kHz,因此可行。

6.7.5　控制器的选择

考虑到系统需要 PWM 输出口,多路 A/D 采样,实时保存电压电流等参数,同时具有日历功能,这里选择 MSP430FRAM5720 作为控制器。它具有 16 位的带捕获比较 Timer,可以产生占空比可调,频率可变的 PWM 输出,且其具有 8 通道的 A/D。可以满足系统要求。

6.7.6　MPPT 控制算法的选择及实现

目前国内外针对太阳能电池最大功率点跟踪常见采用的控制算法:恒定电压控制法 CVT(ConstantVoltage Control)、扰动观测法 P&O(Perturb and Observe)、导纳增量法 IncCond(Incremental conductance method)、模糊控制法 FC(Fuzzy Control)等。这里基于运算量的考虑,选择扰动观测法作为系统的 MPPT 算法。算法流程图如图 6.36 所示。

　　流程图 6.36 中 V 和 I 分别为光伏电池输出电压与输出电流，Pprev 和 Ppres 分别为占空比调整前后的光伏电池输出功率，DletaP 为占空调整后光伏电池输出功率与调整前功率之差。Flag 是当前占空比变化方向标志位。当 Flag 为 0 时占空比向增大方向调整，Flag 为 1 时占空比向减小方向调整。D 为系统的 PWM 输出占空比。

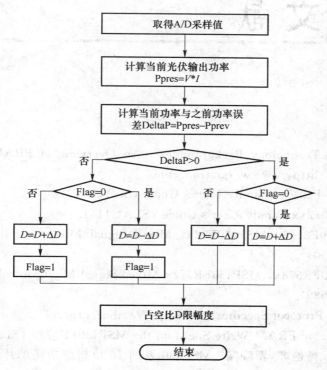

图 6.36　算法流程图

参考文献

1. FRAM Technology Backgrounder – An Overview of FRAM Technology Source. http://www.ramtron.com.
2. MSP430FR57xx Family User's Guide (SLAU272).
3. MSP430x2xx Family User's Guide (SLAU144).
4. MSP430F22x2, MSP430F22x4 Mixed Signal Microcontroller Data Sheet (SLAS504).
5. MSP430FR573x, MSP430FR572x Mixed Signal Microcontroller Data Sheet (SLAS639).
6. SMBus Protocol Specification. http://smbus.org/.
7. Maximizing FRAM Write Speed on the MSP430FR5739 (SLAA498).
8. 沈建华,杨艳琴,翟晓曙. MSP430 系列 16 位超低功耗单片机原理与应用 [J]. 北京:清华大学出版社,2004.
9. 邵红洲,谢显中. 智能 SFP 光模块及应用[J]. 光通信技术,2010(6).
10. 吕燚,李文生. 电调天线远程控制单元中 AISG 协议的实现[J]. 仪器仪表用户,2010(8).
11. Antenna Interface Standards Group. Control interface for antenna line devices[J]. Standard No. AISG v2.0,2009.
12. ISO/IEC 13239. Information technology—telecommunications and information exchange between systems – high – level data link control(HDLC) procedures[J]. 2009.
13. 3GPP TS 25.462. UTRAN iuant interface:signalling transport,2010.
14. 3GPP TS 25.466. UTRAN iuant interface.